高等职业院校机电类专业“十三五”系列规划教材

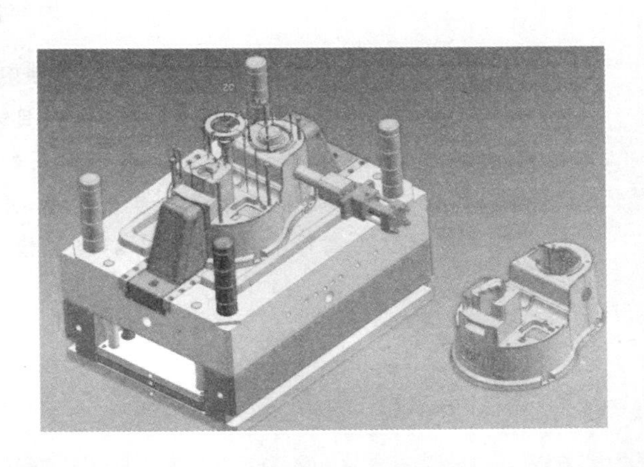

模具拆装与测绘

MUJU CHAIZHUANG YU CEHUI

主　编　李　军　赵　寒
副主编　石存秀　危　淼
赵明炯

合肥工业大学出版社

内容简介

本书将模具拆装与测绘分解为冲压零件图绘制、导柱导套零件图绘制、卸料板零件图绘制、模具装配图绘制和冲压模具拆装5个项目。读者可以由浅入深、学做结合地学习模具结构、机械制图等相关知识，并训练其使用常用钳工工具、测量工具完成零件尺寸检测、模具拆装等技能，从而引导读者进入模具专业学习，并为后续课程学习奠定基础。

本书可以作为高等职业院校、中职院校模具设计类专业教材，也可以作为相关专业人员参考用书。

图书在版编目(CIP)数据

模具拆装与测绘/李军，赵寒主编．—合肥：合肥工业大学出版社，2017.8

ISBN 978-7-5650-3386-5

Ⅰ.①模…　Ⅱ.①李…②赵…　Ⅲ.①模具—装配(机械)—教材②模具—测绘—教材
Ⅳ.①TG76

中国版本图书馆CIP数据核字(2017)第147481号

模具拆装与测绘

主　编　李　军　赵　寒　　　　责任编辑　马成勋

出　版	合肥工业大学出版社	版　次	2017年8月第1版
地　址	合肥市屯溪路193号	印　次	2017年8月第1次印刷
邮　编	230009	开　本	787毫米×1092毫米　1/16
电　话	理工图书编辑部：0551-62903200	印　张	7.5
	市场营销部：0551-62903198	字　数	168千字
网　址	www.hfutpress.com.cn	印　刷	合肥现代印务有限公司
E-mail	hfutpress@163.com	发　行	全国新华书店

ISBN 978-7-5650-3386-5　　　　定价：20.00元

如果有影响阅读的印装质量问题，请与出版社市场营销部联系调换

前　言

2014 年 9 月湖北工业职业技术学院模具设计与制造专业启动现代学徒制教学改革试点工作，经过两年多改革实践，教学改革在人才培养方案设计与实施、教学项目、教学模式等方面均取得了十分显著的成效，也获得了宝贵的改革经验。为了更好地实施现代学徒制教学项目和课程，把改革的成功经验固化，对后来者予以指导和帮助。经过模具教研室的努力，编制了 8 门学习领域中第一门项目化课程《模具拆装与测绘》教材。

本书将模具拆装与测绘分解为冲压零件图绘制、导柱导套零件图绘制、卸料板零件图绘制、模具装配图绘制和冲压模具拆装 5 个项目。学生在教师指导下，由浅入深、学做结合地学习模具结构、机械制图等相关知识，并训练其使用常用钳工工具、测量工具完成零件尺寸检测、模具拆装等技能，从而达到引导学生进入模具专业学习，并为后续课程学习奠定基础的目的。

本书可以作为高、中职院校模具设计专业机械制图、模具拆装等课程的理论、实训教程，也可以作为相关专业人员的学习用书。

全书项目 1 由李军老师编写，项目 2 由赵明炯老师编写，项目 3 由石存秀老师编写，项目 4 由赵寒老师编写，项目 5 由危森老师编写。卞平老师主审了本书。

由于编写时间仓促，难免有疏漏之处，恳请广大读者批评指正。

编　者

2017 年 7 月

前言

目　　录

项目一　冲压零件测绘

1.1　任务单:垫圈零件测绘

<table>
<tr><td>任务名称</td><td>垫圈零件测绘</td></tr>
<tr><td>任务描述</td><td>学生在教师指导下,学习使用游标卡尺等常见测量工具测量给定垫圈的内、外径和厚度;
学生在教师指导下,根据测量所得数据按照制图规范完成垫圈零件的绘制</td></tr>
<tr><td>学习目标</td><td>(一)知识目标:
(1)掌握常用绘图工具的规格和使用方法;
(2)了解图纸幅面的含义、规格和不同幅面的关系,掌握图框绘制和标题栏设计要求;
(3)掌握游标卡尺的基本使用和读数方法;
(4)了解视图的基本概念和基本投影规律;
(5)了解垫圈常用材料及其基本性能和加工方式。
(二)能力目标:
会使用常用绘图工具(绘图板、丁字尺、三角板、圆规、铅笔等)绘制图框,设计标题栏,能按照投影规律通过视图(正视和俯视)正确应用线条表达垫圈。
(三)职业素养:
(1)服从指导教师工作安排;
(2)在规定的时间内完成任务;
(3)主动学习</td></tr>
<tr><td colspan="2">考核标准</td></tr>
<tr><td colspan="2">学生根据给定垫圈零件绘制 4 号零件图 1 张,要求:
(1)点划线、粗实线、细实线等线条使用正确。错误 1 处扣 10 分。
(2)图纸幅面、标题栏绘制和填写正确。错误 1 处扣 10 分。
(3)尺寸标注正确、尺寸线、尺寸界线使用合理。错误 1 处扣 10 分。
(4)图面干净、视图布置位置合理。存在明显涂改痕迹,每处扣 5 分。
(5)测量工具使用方式正确,垫圈各部分尺寸测量准确。工具操作错误 1 次扣 5 分,主参数测量错误 1 处扣 10 分。
(6)服从指导教师、按时完成任务。由指导教师酌情扣分或不扣分</td></tr>
<tr><td colspan="2">完成时间:1 周</td></tr>
</table>

1.2 任务分析和引导文

1.2.1 任务分析

通过任务单，可以知道，要正确测量、绘制垫圈零件图，需要掌握测量工具使用、图纸幅面布置、线条绘制与应用、三视图等相关知识。有关知识请在知识链接部分查询。

1.2.2 引导文

请根据知识链接部分内容，完成以下内容：

(1)图 1-1 是用游标卡尺测长度时，游标尺和主尺位置图，右图是左图的放大图(放大快对齐的那一部分)请你根据图中所示，写出测量结果。

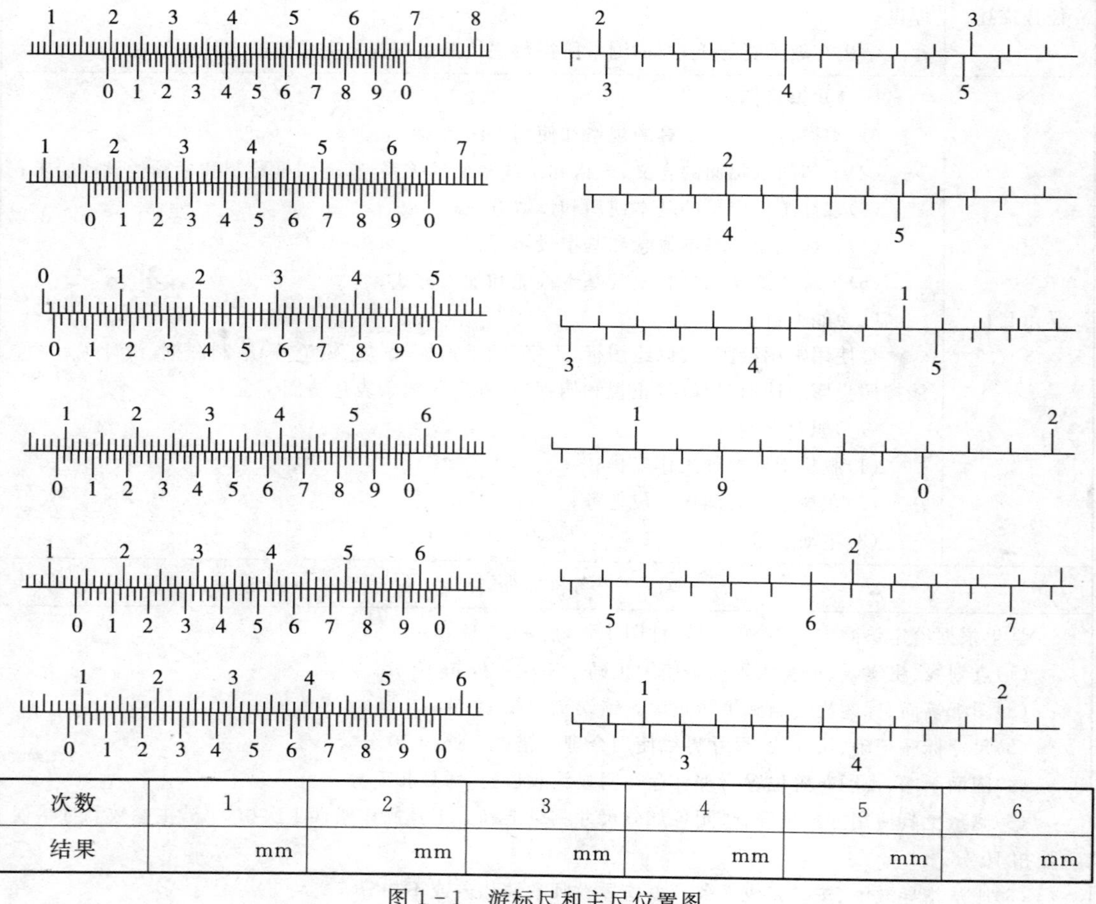

次数	1	2	3	4	5	6
结果	mm	mm	mm	mm	mm	mm

图 1-1 游标尺和主尺位置图

(2)用卡尺测量下图所示的圆筒所用材料的体积。要用 aa' 测圆筒的____；用 bb' 测圆筒的____；用 c 测圆筒的____。

(3)一游标卡尺的主尺最小分度为 1mm,游标上有 10 个小等分间隔,现用此卡尺来测量工件的直径,如图 1－2 所示,该工件的直径为____。

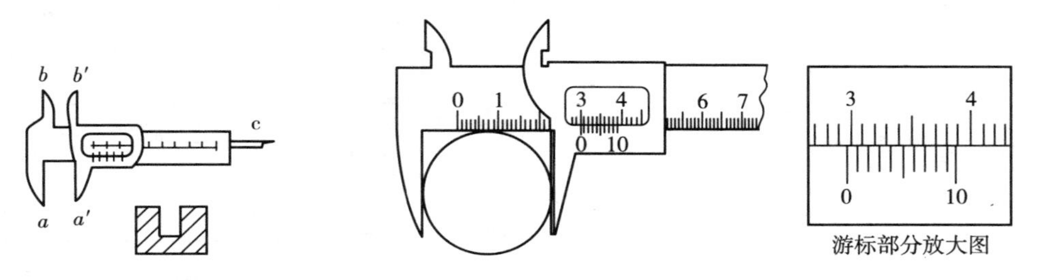

图 1－2　用游标卡尺测量工件

(4)游标卡尺的主尺最小分度为 1mm,游标上有 20 个小的等分刻度:用它测量一工件的内径,如图 1－3 所示。该工件的内径为____ cm。

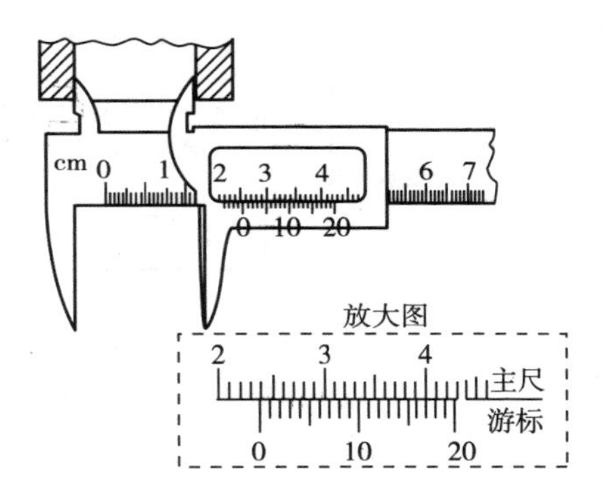

图 1－3　游标卡尺测量工件内径

(5)图 1－4A,B,C 的读数分别是多少

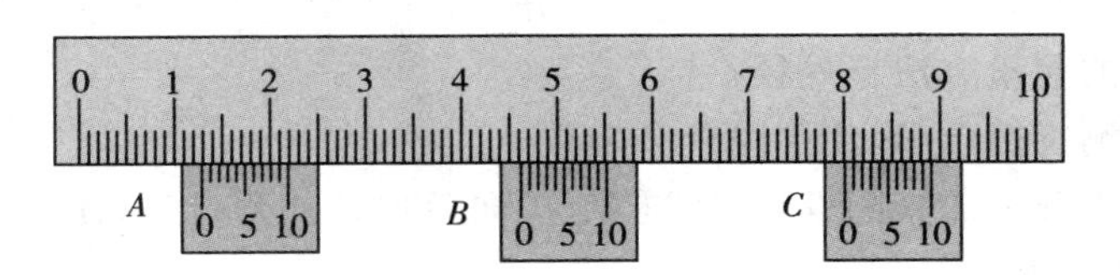

图 1－4　游标卡尺读数

L_A＝____ mm;　L_B＝____ mm;　L_C＝____ mm.

1.3　知识链接

1.3.1　游标卡尺使用

1. 游标卡尺的结构和功能

游标卡尺是精密的长度测量仪器,常见的机械游标卡尺如下图所示。它的量程为 0～

110mm，分度值为 0.1mm，由内测量爪、外测量爪、紧固螺钉、微调装置、主尺、游标尺、深度尺组成，如图 1－5 所示。

0～200mm 以下规格的卡尺具有测量外径、内径、深度三种功能，如图 1－6 所示：

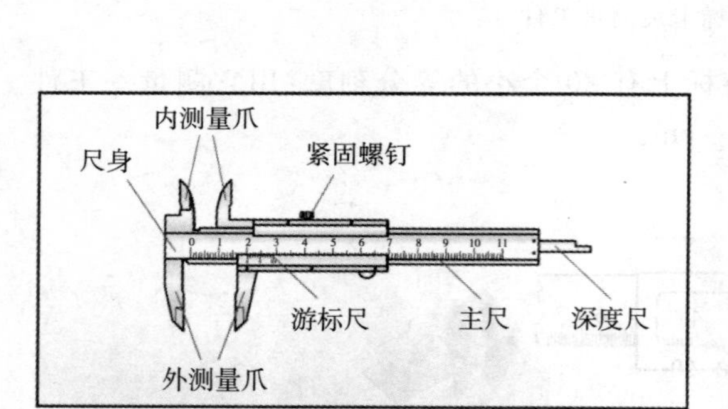

图 1－5　游标卡尺结构

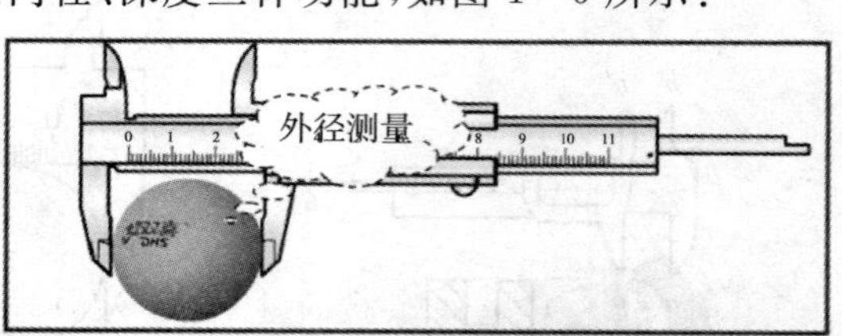

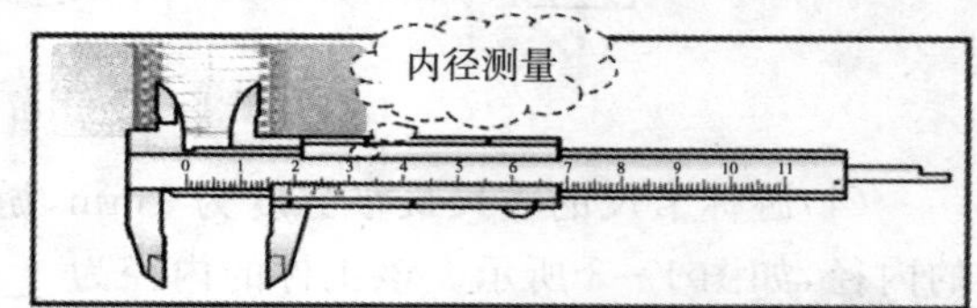

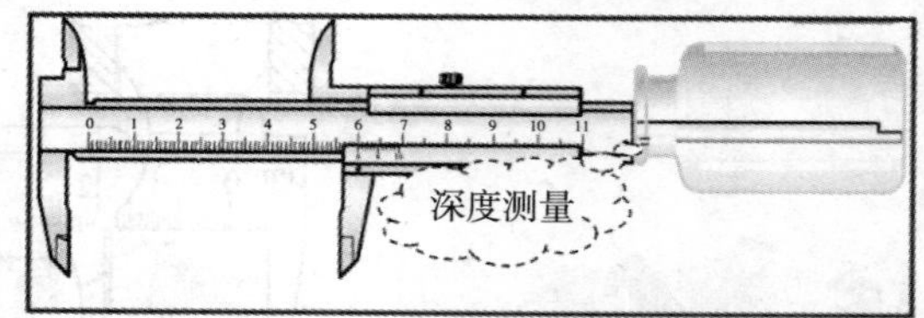

图 1－6　游标卡尺的三种测量功能

2. *游标卡尺的使用方法*

(1)游标卡尺的零位校准：

步骤一：使用前，松开尺框上紧固螺钉，将尺框平稳拉开，用布将测量面、导向面擦干净；

步骤二：检查“零”位：轻推尺框，使卡尺两个量爪测量面合并，游标“零”刻线与尺身“零”刻线应对齐，游标尾刻线与尺身相应刻线应对齐。否则，应送计量室或有关部门调整。

(2)游标卡尺的测量方法：(外径)

步骤一：将被测物擦干净，使用时轻拿轻放；

步骤二：松开千分尺的紧固螺钉，校准零位，向后移动外测量爪，使两个外测量爪之间距离略大于被测物体；

步骤三：一只手拿住游标卡尺的尺架，将待测物置于两个外测量爪之间，另一手向前推动活动外测量尺，至活动外测量尺与被测物接触为止。

步骤四：读数。

注意：

- 测量内孔尺寸时，量爪应在孔的直径方向上测量。
- 测量深度尺寸时，应使深度尺杆与被测工件底面相垂直。

(3)游标卡尺的读数：

游标卡尺的读数应注意，如图 1－7 所示：

- 看清楚游标卡尺的分度。10 分度的精度是 0.1mm，20 分度的精度是 0.05mm，50 分度的精度是 0.02mm；

为了避免出错，要用毫米而不是厘米做单位；

- 看游标卡尺的零刻度线与主尺的哪条刻度线对准，或比它稍微偏右一点，以此读出毫米的整数值；
- 再看与主尺刻度线重合的条游标刻度线的数值 n，则小数部分是 nX 精度，两者相加就是测量值；
- 游标卡尺不需要估读。

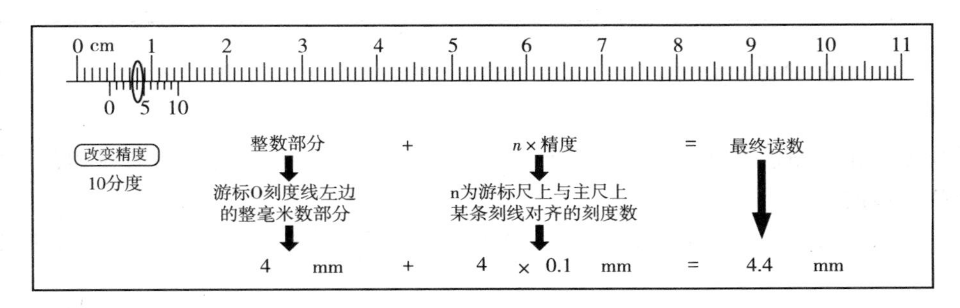

图 1-7　游标卡尺的读数

(4)游标卡尺的保养及保管：

- 轻拿轻放；
- 不要把卡尺当作卡钳或螺丝扳手或其他工具使用；
- 卡尺使用完毕必须擦净上油，两个外量爪间保持一定的距离，拧紧螺钉，放回到卡尺盒内；
- 不得放在潮湿、湿度变化大的地方。

1.3.2　图纸幅面与格式(GB/T14689—1993)

机械图样是用来表达和交流设计思想的语言，是设计、制造机械产品的技术资料。因此，国家标准对图样的画法、格式和尺寸标注等做出统一规定，近年又参照国际标准(ISO)再次进行修订，使之更加完善、合理和便于国际技术交流和贸易往来。国家标准《技术制图》(GB/T 14689～14691—1993、GB/T16675.2—1996)是一项基础技术标准，国家标准《机械制图(GB/T4457.4—2002、GB/T4458.4—2003)是一项机械专业制图标准，它们是图样的绘制与使用的准绳，必须认真学习和遵守。

“GB/T”为推荐性国家标准代号，一般可简称“国标”。“14689”、“4457.4”为标准批准顺序号，“1993”、“1996”、“2002”、“2003”表示该标准发布的年号。

1. 图纸幅面尺寸

标准幅面共有 5 种，其尺寸见表 1-1，绘制图样时应优先采用这些幅面尺寸。必要时可以沿幅面加长、加宽，加长幅面尺寸在 GB/T 14689—1993 中另有规定。

表 1-1　幅面及图框尺寸(单位:毫米)

幅面代号 / 尺寸代号	A0	A1	A2	A3	A4
$B\times L$	841×1189	594×841	420×594	297×420	210×297

（续表）

尺寸代号 \ 幅面代号	A0	A1	A2	A3	A4
a	25				
c	10			5	
e	20		10		

表 1－1 中 A1 号图纸的幅面是 A0 号图纸的幅面对开，其余类推。

2. 图框

每张图纸在绘图前都必须先画出图框。图框有两种格式，一种是不留装订边的，另一种是留有装订边的。

(1)不留装订边的图纸，其图框如图 1－8 所示，宽度 e 可依幅面代号从表 1－1 查出。

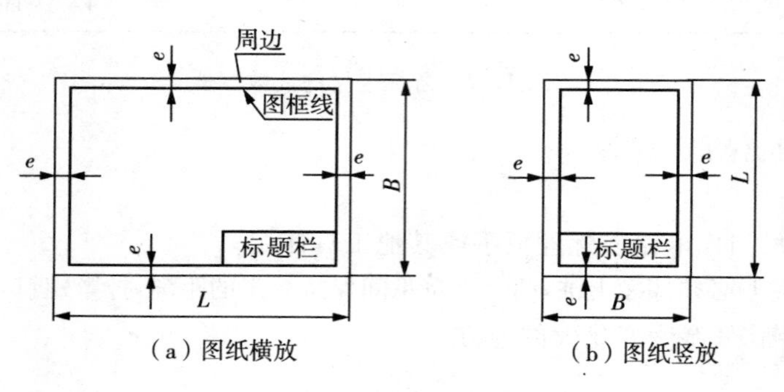

图 1－8　不留装订边的图框格式

(2)留有装订边的图纸，其图框如图 1－9 所示，装订边宽度 a 和 c 可依幅面代号从表 1－1 查出(一般采用 A4 幅面竖装或 A3 幅面横装)。图框线用粗实线绘制。

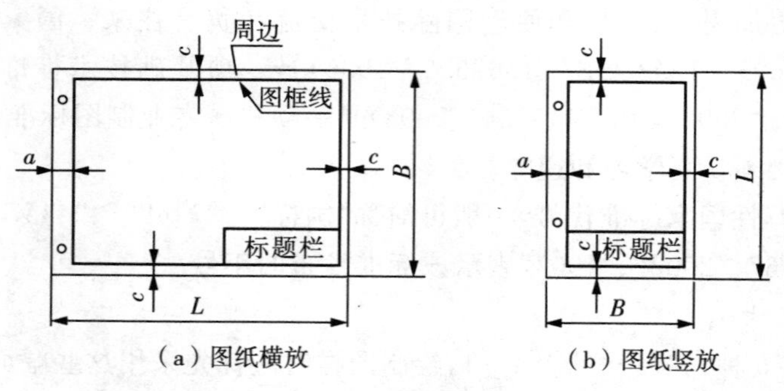

图 1－9　留有装订边的图框格式

3. 标题栏

标题栏的位置一般应在图纸的右下角，如图 1－9 和图 1－10 所示。标题栏的文字方向应为读图方向。为了使用印制好的图纸，标题栏的位置可以按图 1－6 的方式配置。

GB/T 10609.1—1989 对标题栏的内容、格式与尺寸作了规定。制图作业的标题栏建议采用如图 1－11 所示的格式，外框线及竖线为粗实线、横线为细实线。

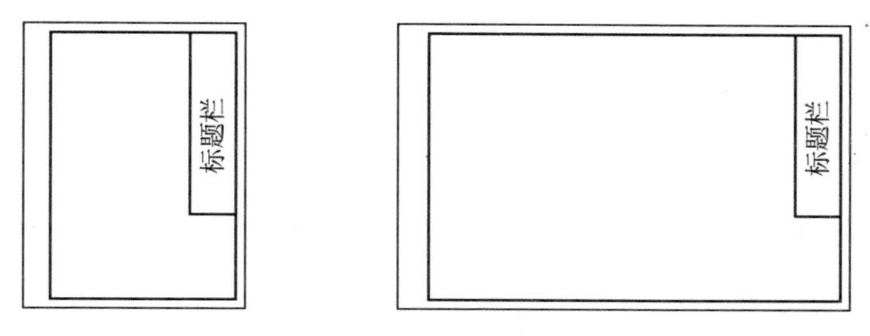

图 1-10　用印制图纸允许的另一种标题栏方位

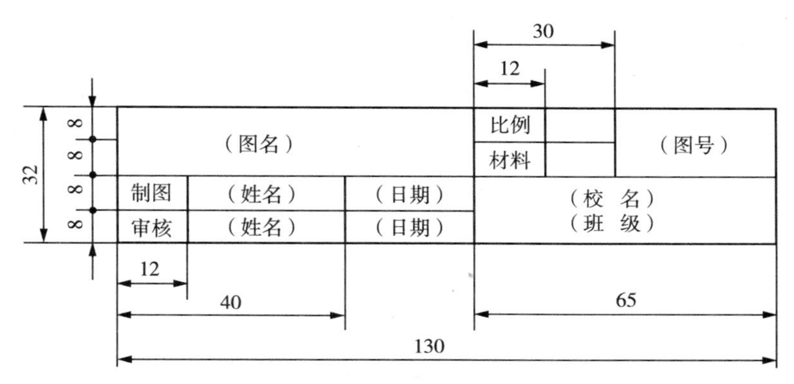

图 1-11　制图作业的标题栏

4. 比例(GB/T 14690—1993)

图样中机件要素的线性尺寸与实际机件要素的线性尺寸之比称为比例。绘制图样时，一般应从表 1-2 规定的系列中选取不带括号的适当比例，必要时也允许选取表 1-2 中带括号的比例。

表 1-2　绘图的比例

原值比例	1∶1
缩小比例	(1∶1.5)　1∶2　(1∶2.5)　(1∶3)　(1∶4)　1∶5　(1∶6) $1:1\times10^n$　$(1:1.5\times10^n)$　$1:2\times10^n$　$(1:2.5\times10^n)$　$(1:3\times10^n)$ $(1:4\times10^n)$　$1:5\times10^n$　$(1:6\times10^n)$
放大比例	2∶1　(2.5∶1)　(4∶1)　5∶1　$1\times10^n:1$　$2\times10^n:1$ $(2.5\times10^n:1)$　$(4\times10^n:1)$　$5\times10^n:1$

注：n 为正整数。

比例一般应标注在标题栏的"比例"一栏内；必要时，可标注在视图名称的下方或右侧。不论采用何种比例，图形中所标注的尺寸数值必须是实物的实际大小，与图形的大小无关。

同一机件的各个视图一般采用相同的比例，并需在标题栏中的比例栏写明采用的比例，如 1∶1。当同一机件的某个视图采用了不同比例绘制时，必须另行标明所用比例。

5. 字体(GB/T 14691—1993)

图样中除了用图形表达机件的结构形状外，还需要用文字、数字说明机件的名称、大小、材料和技术要求等。为使字体美观、易写、整齐，要求在图样中书写的汉字、数字、字母必须做到“字体工整、笔画清楚、间隔均匀、排列整齐”。

各种字体的大小要选择适当。字体大小分为20、14、10、7、5、3.5、2.5、1.8八种号数。字体的号数即字体的高度(单位:mm)。

(1)汉字

图样上的汉字应写成长仿宋体,并应采用国家正式公布推行的简化字。汉字的高度不应小于3.5,字宽约等于字高的2/3。

长仿宋字的要领是:横平竖直、注意起落、结构匀称、填满方格。

(2)阿拉伯数字、罗马数字、拉丁字母和希腊字母

数字和字母有正体和斜体之分,一般情况下用斜体。斜体字字头向右倾斜,与水平基准线成75°。字母和数字按笔画宽度情况分为A型和B型两类,A型字体的笔画宽度(d)为字高(h)的1/14,B型字的笔画宽度为字高的1/10,即B型字体比A型字体的笔画要粗一点。

(3)字体示例

汉字、字母和数字的示例见表1-3。

表1-3 字体

字体		示例
长仿宋体汉字	10号	字体工整 笔画清楚 间隔均匀 排列整齐
	7号	横平竖直 注意起落 结构匀称 填满方格
	5号	技术制图石油化工机械电子汽车航空船舶土木建筑矿山井坑港口防织焊接设备工艺
	3.5号	螺纹齿轮端子接线飞行指导驾驶舱位挖填施工引水通风闸阀坝棉麻化纤
拉丁字母	大写斜体	*ABCDEFGHIJKLMNOPQRSTUVWXYZ*
	小写斜体	*abcdefghijklmnopqrstuvwxyz*
阿拉伯数字	斜体	*0 1 2 3 4 5 6 7 8 9*
	直体	0 1 2 3 4 5 6 7 8 9
罗马数字	斜体	*Ⅰ Ⅱ Ⅲ Ⅳ Ⅴ Ⅵ Ⅶ Ⅷ Ⅸ Ⅹ*
	直体	Ⅰ Ⅱ Ⅲ Ⅳ Ⅴ Ⅵ Ⅶ Ⅷ Ⅸ Ⅹ
字体的应用		$\phi20^{+0.010}_{-0.023}$ $7^{\circ}{}^{+1^{\circ}}_{-2^{\circ}}$ $\frac{3}{5}$ 10Js5(±0.003) M24-6h $\phi25\frac{H6}{m5}$ $\frac{Ⅱ}{2:1}$ $\frac{A}{5:1}$ Ra 6.3 R8 5% 3.50

1.3.3 基本线条和绘图工具

图线(GB/T 17450—1998)

1. 线型及图线尺寸

国家标准《技术制图》中，规定了十五种基本线型。所有线型的图线宽度 d 应按图样的类型和尺寸大小在下列公比为 $1:\sqrt{2}$ 的系数中选择：0.13mm，0.18mm，0.25mm，0.35mm，0.5mm，0.7mm，1mm，1.4mm，2mm。

粗线、中粗线和细线的宽度比例为 4：2：1。在同一图样中，同类图线宽度应一致。

在手工绘图时，线素(不连续线的独立部分，如点、长度不同的画线和间隔)的长度应符合表 1-4 的规定。

表 1-4 线素的长度

线素	线型代号	长度
点	细点画线、粗点画线、细双点画线	$0.5d$
短间隔	虚线、细点画线、粗点画线、细双点画线	$3d$
画	虚线、细双点画线	$12d$
长画	细点画线、粗点画线	$24d$

基本线型和线素的计算公式在 GB/T 14665—1993 中有规定，这些公式也便于使用 CAD 系统绘制各种技术图样。

2. 图线的应用

在机械制图中常用的线型、宽度和线素长度及一般应用见表 1-5，应用举例如图 1-12 所示。

表 1-5 图线

No	线型		名称	图线宽度	在图上的一般应用
01	实线		粗实线	b	可见轮廓线
			细实线	约 $b/2$	(1)尺寸线及尺寸界线； (2)剖面线； (3)重合断面的轮廓线； (4)螺纹的牙底线及齿轮的齿根线； (5)指引线； (6)分界线及范围线； (7)过渡线
			波浪线	约 $b/2$	(1)断裂处的边界线； (2)剖与未剖部分的分界线
			双折线	约 $b/2$	(1)断裂处的边界线； (2)局部剖视图中剖与未剖部分的分界线

（续表）

No	线　型		名称	图线宽度	在图上的一般应用
02	虚线	— — — — — — —	细虚线	约 $b/2$	不可见轮廓线
		━ ━ ━ ━ ━	粗虚线	b	允许表面处理的表示法
03		———·———	细点画线	约 $b/2$	(1)轴线； (2)对称线和中心线； (3)齿轮的节圆和节线
		━━━·━━━	粗点画线	b	限定范围的表示线
04		———··———	细双点画线	约 $b/2$	(1)相邻辅助零件的轮廓线； (2)极限位置的轮廓线； (3)假想投影轮廓线； (4)中断线

注：本书中将轮廓线和棱边线统称为轮廓线。

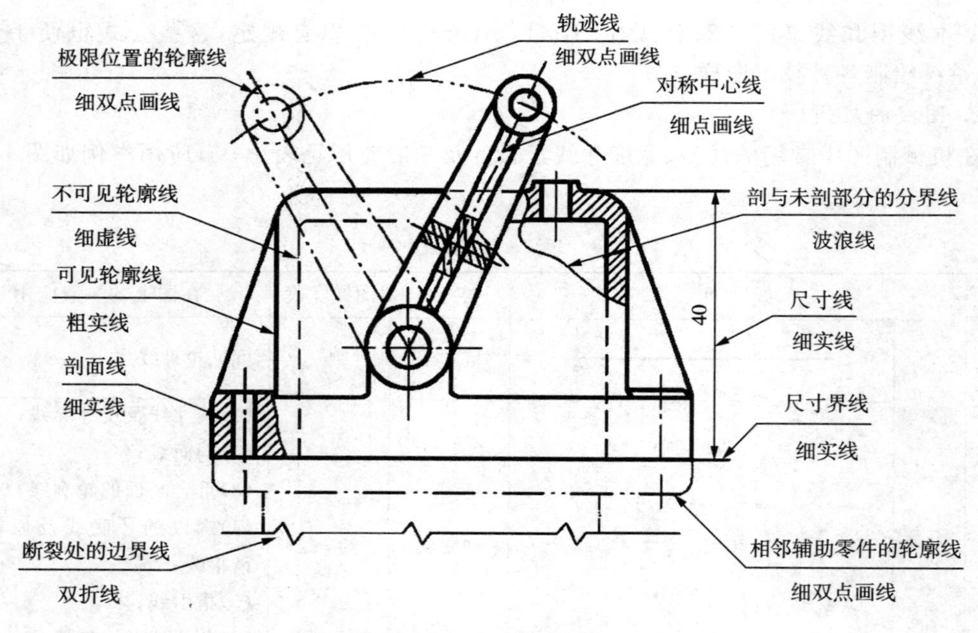

图 1－12　图线应用举例

3. *图线的画法*

(1)在同一图样中，同类图线的宽度应基本一致。虚线、点画线及细双点画线的线段长度和间隔应各自大致相等；点画线、细双点画线的首末两端应是画，而不是点。

(2)两条平行线之间的最小间隙不得小于 0.7mm。

(3)绘制圆的对称中心线(简称中心线)时,圆心应为画的交点。细点画线的长度应为8～12mm,细点画线的两端应超出轮廓线2～5mm;当圆的图形较小,绘制点画线有困难时,允许用细实线代替细点画线。

(4)各种线型相交时,都应以画相交,不应在空隙或点处相交,如图1-13所示。

(5)当细虚线处于粗实线的延长线上时,粗实线应画到分界点,而细虚线应留有空隙。当细虚线圆弧和细虚线直线相切时,细虚线圆弧的画应画到切点而细虚线直线需留有空隙,如图1-14所示。

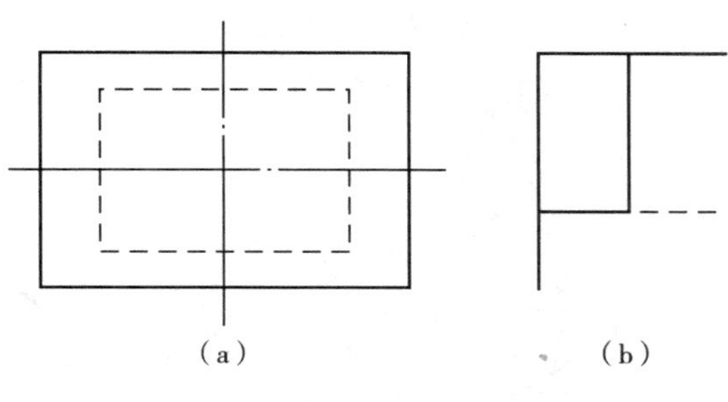

图1-13　两线相交的画法

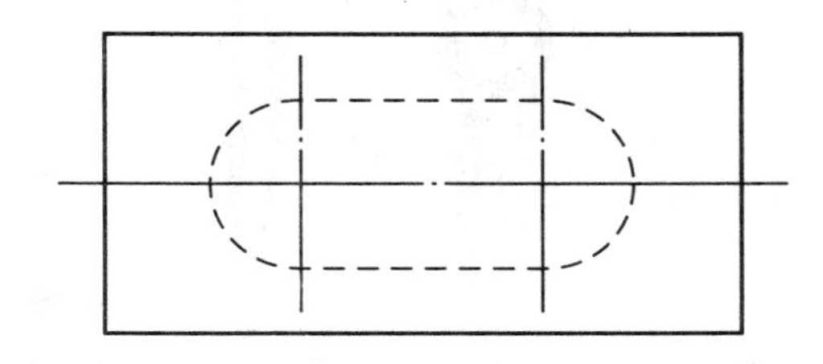

图1-14　虚直线和虚圆弧相交的画法

4. 图板、丁字尺、三角板

图板是供铺放和固定图纸用的木板。它由板面和四周的边框组成,板面应平整光滑,左右两导边必须平直。图纸可用胶带纸固定在图板上,如图1-15(a)所示。使用时注意图板不能受潮,不要在图板上按图钉,更不能在图板上切纸。

常用图板规格有0号(900mm×1200mm)、1号(600mm×900mm)和2号(450mm×600mm),可以根据图纸幅面的大小选择图板。

丁字尺由尺头和尺身组成,尺头和尺身的结合处必须牢固,尺头的内侧面必须平直。丁字尺主要用来画水平线。使用时左手把住尺头,靠紧图板左侧导边(不能用其余三边),上下移动丁字尺,自左向右画不同位置的水平线。

三角板由45°和30°(60°)两块组成为一副。三角板与丁字尺配合使用可画竖直线和15°倍角的斜线,比如30°、45°、60°,如图1-15(a)所示。两块三角板互相配合,可以画出任意直线的平行线和垂线,以及画与水平线成15°,75°倾斜线,如图1-15(b)所示。三角板和丁字尺要经常用细布揩拭干净。

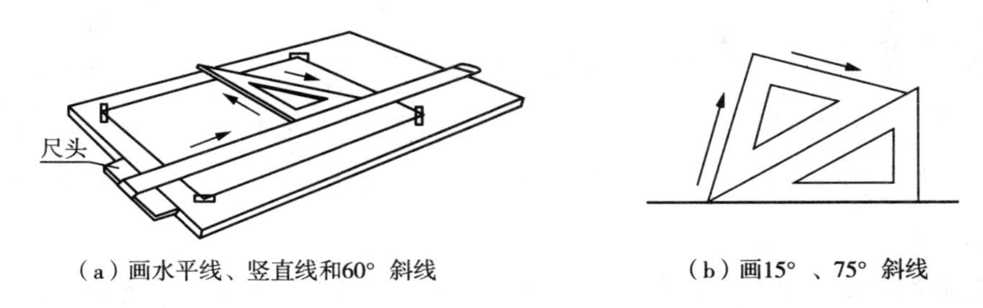

(a)画水平线、竖直线和60°斜线　　(b)画15°、75°斜线

图1-15　图板、丁字尺和三角板的用法

5. 圆规和分规

圆规是画圆或圆弧的工具。为了扩大圆规的功能，圆规一般配有铅笔插腿（画铅笔线圆用）、鸭嘴插腿（画墨线圆用）、钢针插腿（代替分规用）三种插腿和一支延长杆（画大圆用）。圆规钢针有两种不同的针尖。画圆或圆弧时，应使用有台阶的一端，并把它插入图板中。使用圆规时需注意，圆规的两条腿应该垂直于纸面。如图 1－16 所示。

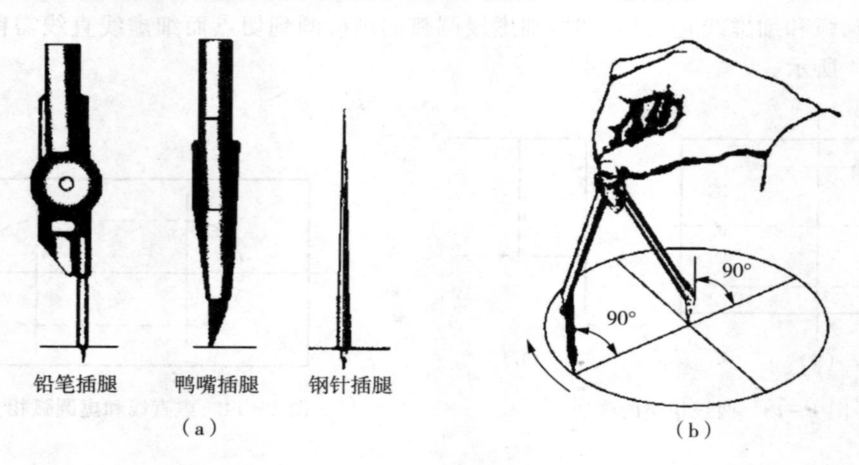

图 1－16　圆规的用法

分规是等分线段、移置线段及从尺上量取尺寸的工具，如图 1－17(a)所示。如图 1－17(b)所示，用分规三等分已知线段 AB 的等分方法：首先将分规两针张开约线段 AB 的三分之一长，在线段 AB 上连续量取三次。若分规的终点 C 落在 B 点之外，应将张开的两针间距缩短线段 BC 的三分之一；若终点 C 落在 B 点之内，则将张开的两针间距增大线段 BC 的三分之一，重新量取，直到 C 点与 B 点重合为止。此时分规张开的距离即可将线段 AB 三等分。等分圆弧的方法类似于等分线段的方法。使用分规时需注意：分规的两针尖并拢时应对齐。

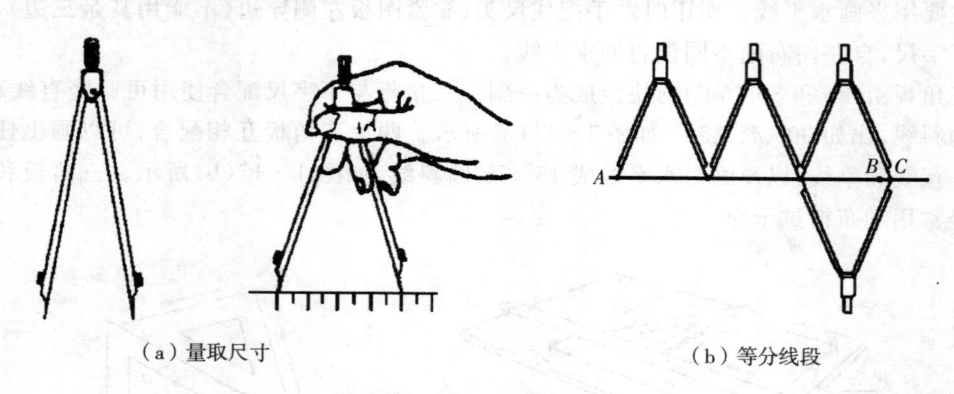

图 1－17　分规及其使用方法

6. 铅笔

铅笔是画线用的工具。绘图用的铅芯软硬不同。标号“H”表示硬铅芯，标号“B”表示软铅芯。常用 H、2H 铅笔画底稿线，用 HB 铅笔加深直线，B 铅笔加深圆弧，H 铅笔写字和画各种符号。

铅笔从没有标号的一端开始使用，以保留铅芯硬度的标号。铅芯应磨削的长度及形状如图 1－18 所示，注意画粗、细线的笔尖形状的区别。

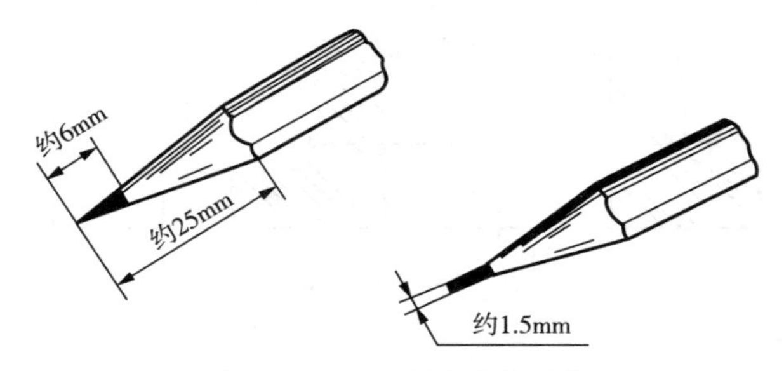

图 1－18　铅芯的长度与形状

1.3.4　尺寸标注

尺寸标注的基本规则：

(1)机件的真实大小应以图样上所注尺寸数值为依据，与图形的大小及绘制的准确度无关。

(2)图样中的尺寸以 mm 为单位时，不需要注明计量单位的代号或名称；否则，必须注明相应的计量单位的代号或名称。

(3)图样中所标注的尺寸为该图样所示机件的最后完工尺寸，相同尺寸一般只标注一次，并应反映在该结构最清晰的图形上。

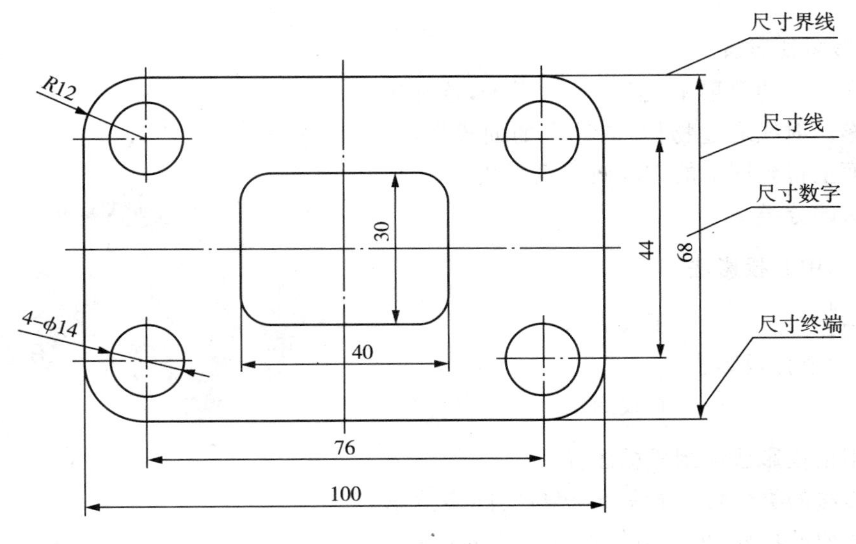

图 1－19　尺寸标注

(4)一个完整的尺寸，一般应由尺寸数字、尺寸界限、尺寸线和尺寸终端组成。

(5)尺寸界线表示尺寸的度量范围，一般由细实线绘制，并应从图形的轮廓线、轴线或对称中心线引出，也可用轮廓线、轴线或对称中心线作尺寸界线。尺寸界线一般应与尺寸线垂直，并各超过尺寸线 3～4mm，必要时允许倾斜，但两尺寸线必须相互平行。

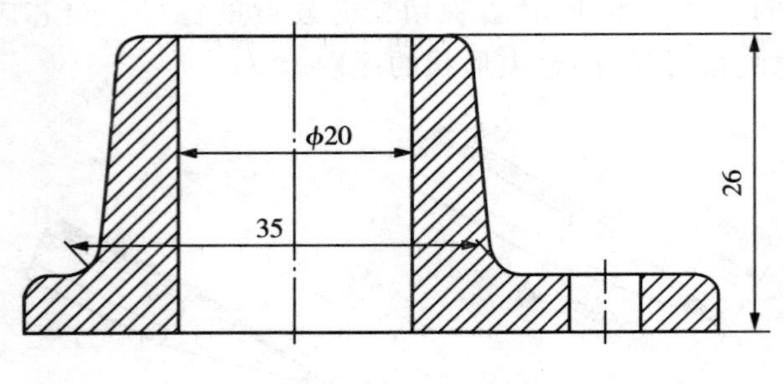

图 1-20　尺寸界限

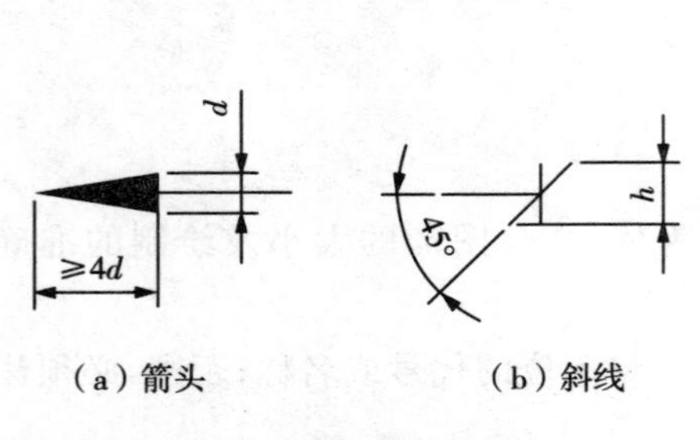

（a）箭头　　（b）斜线

图 1-21　尺寸终端

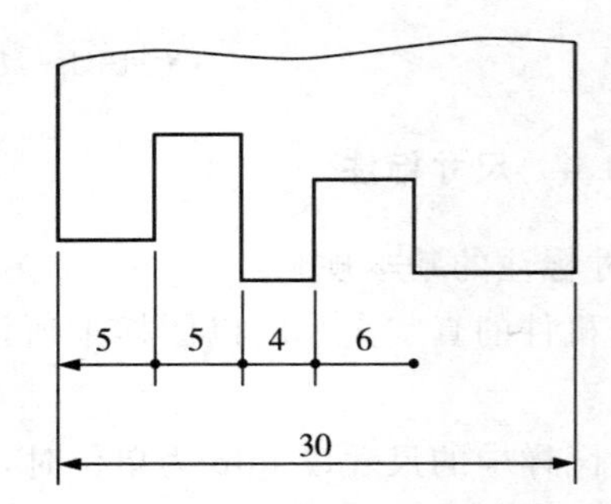

图 1-22　在狭小尺寸处用圆点表示尺寸终端

1.3.5　三视图

1. *投影和投影法*

物体在光线的照射下，就会产生影子，这种现象称为投影。射线通过物体，向选定的面投影，并在该投影面上得到图形的方法叫作投影法。

投影法的分类

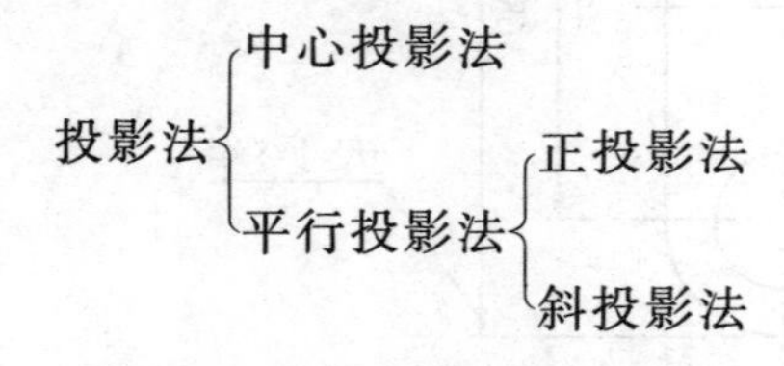

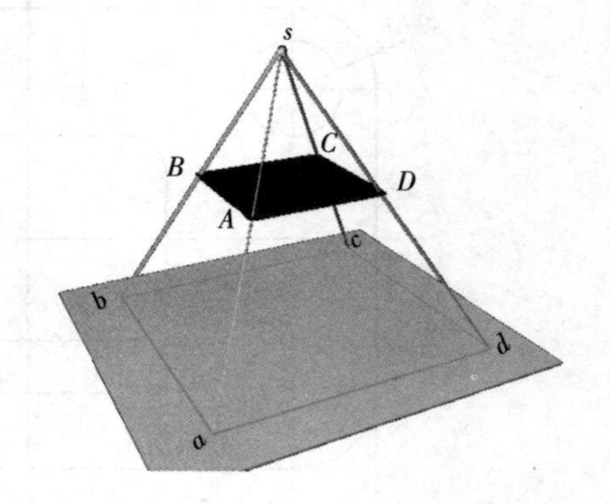

图 1-23　投影

一般用正投影法绘制机械图样。

正投影法的类似性是投影形状与实际表达物体形状相类似的特性，即一般情况下直线的投影仍为直线、平面的投影仍为平面，多边形的投影仍为相同边数的多边形等。

正投影法的真实性就是当投影物体与投影面平行时，其投影能够反映其真实形状的特性。如直线段的投影能够反映其真实长度，平面的投影能够反映其实形等。

正投影法的积聚性就是当直线或平面与投影面垂直时，其投影分别在投影面上积聚为一个点或一条直线。

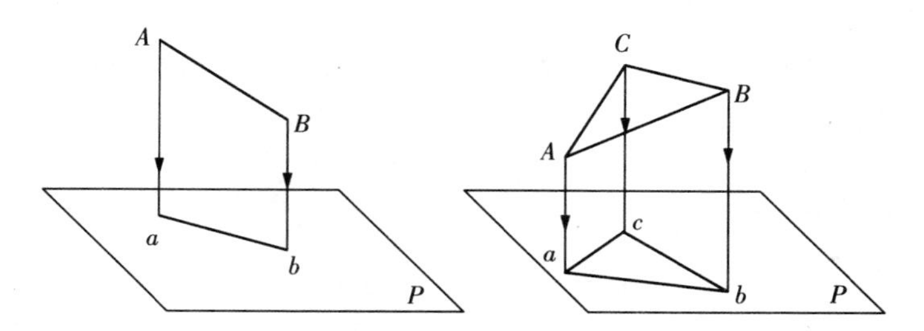

图 1-24　正投影的类似性

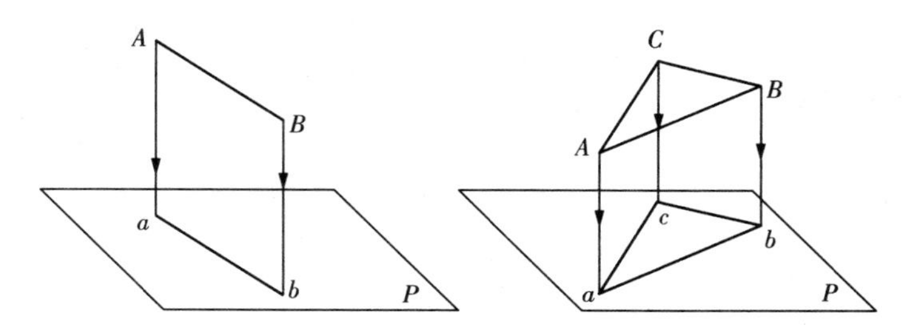

图 1-25　正投影的真实性

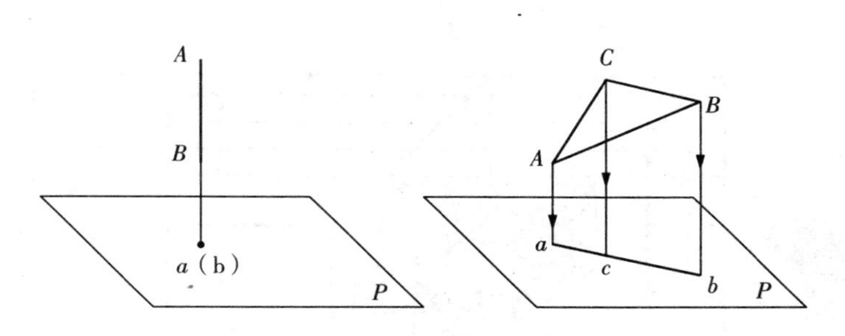

图 1-26　正投影的积聚性

正投影法的平行性就是若两直线平行，则其投影仍相互平行或重合的特性。

正投影法的从属性就是若空间点在直线上，则点的投影也必然在该直线投影上的特性。

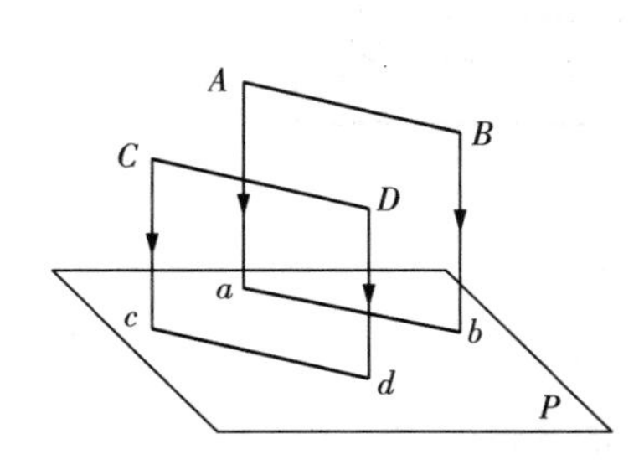

图 1-27　正投影的平行性

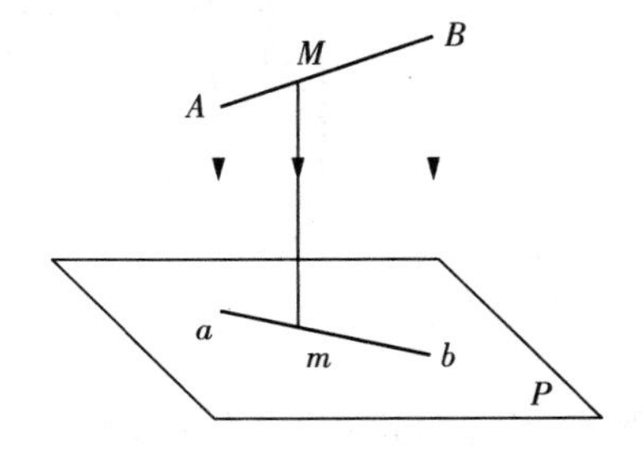

图 1-28　正投影的从属性

正投影法的定比性就是空间直线上两线段之比等于其投影上对应两线段之比的特性：$AM:MB=am:mb$。

2. 三视图的形成

为了能够准确地反映物体的长、宽、高的形状及位置，通常用三面投影体系来表达其形状与大小，基本表达方法是三视图。

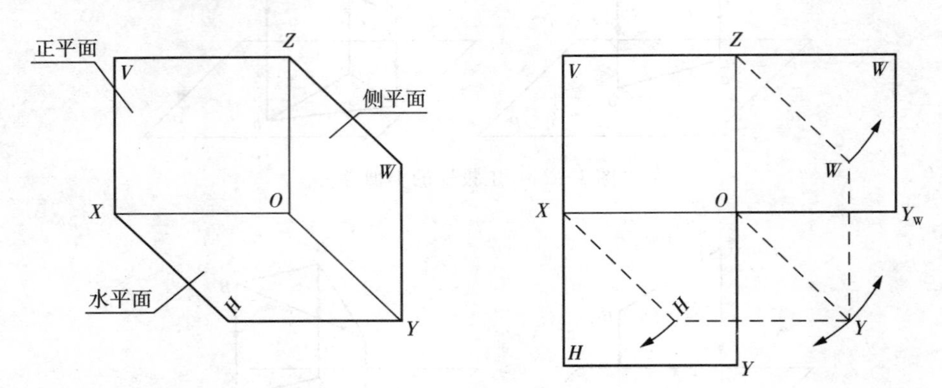

图 1－29　三面投影体系的建立与展开

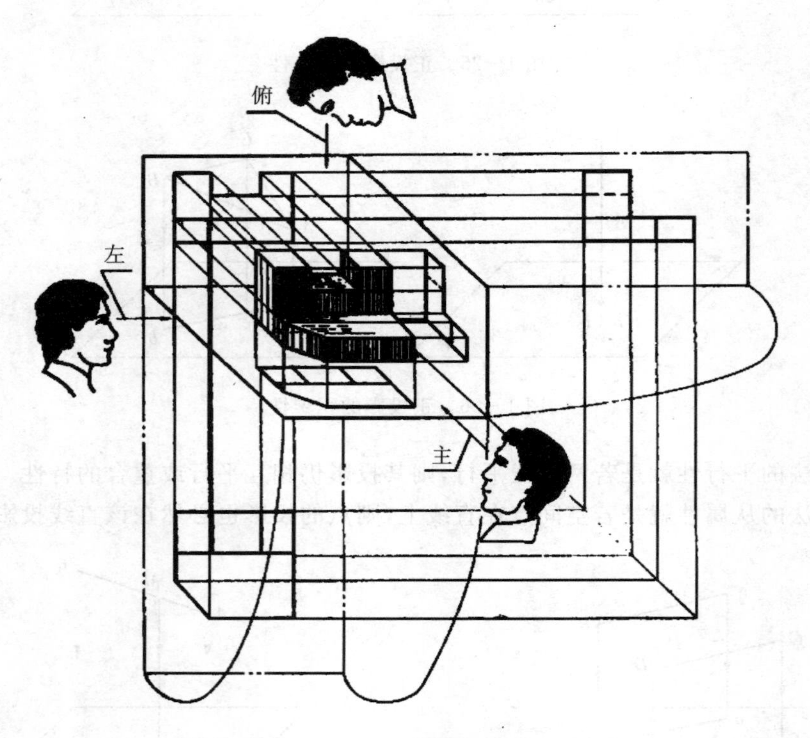

图 1－30　三视图的形成

主视图：从工件的前方向后投影，在 V 面上所得到的视图。

俯视图：从工件的上方向下投影，在 H 面上所得到的视图。

左视图：从工件的左方向右投影，在 W 面上所得到的视图。

(1)三视图的投影规律：

主、俯视图长对正：主、俯两个视图对应部分左右方向长度相等，且两个视图须对正。

主、侧视图高平齐：主、侧两个视图对应部分上下方向高度相等，且两个视图须平齐。

俯、侧视图宽相等：俯、侧两个视图对应部分前后方向宽度相等。

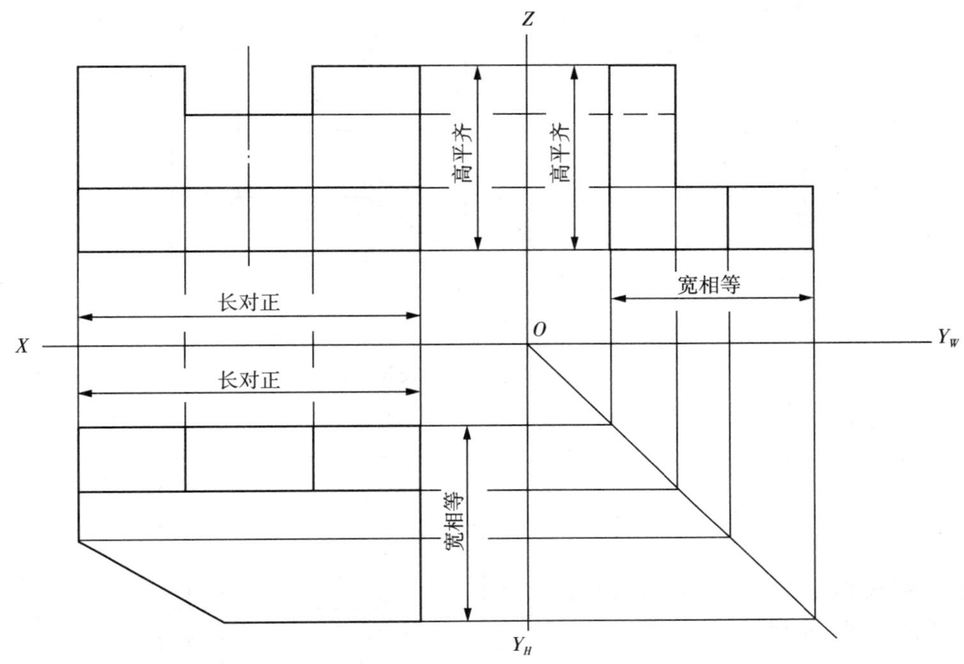

图 1-31　三视图的投影规律

(2)点在三投影面体系中的投影规律：

连影垂轴。即点的投影连线垂直于投影轴 $aa' \perp OX$，$a'a'' \perp OZ$；

点的投影到投影轴的距离反映空间点到投影面的距离。

例 1-1　已知 A、B 两点的两面投影，分别求作其第三面投影。

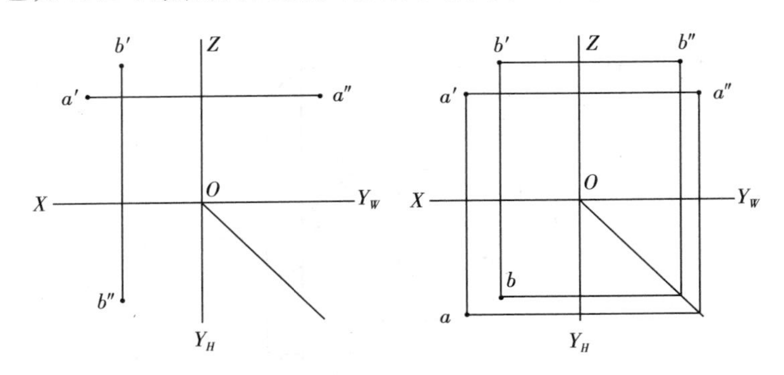

图 1-32　点的投影

3. 直线三面投影的形成

分别作直线 AB 两端点 A、B 点在三个投影面上的投影，将 A、B 两点的同名投影分别相连，即得直线的投影。

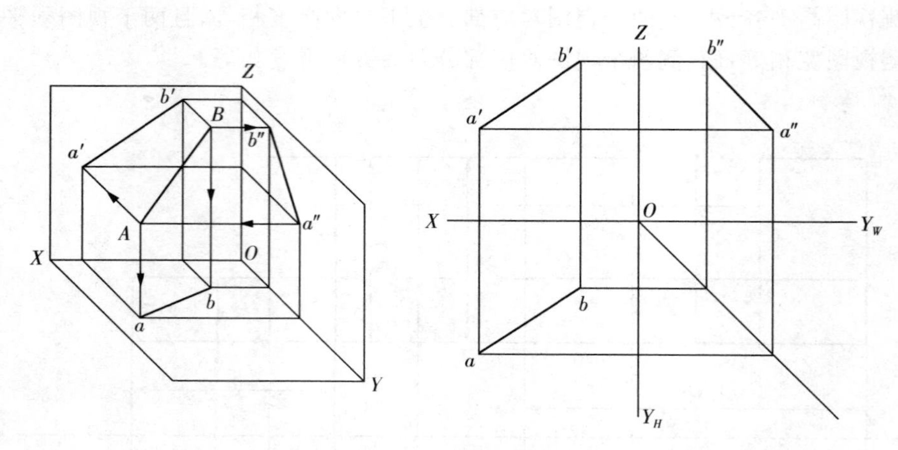

图 1－33　直线的投影

(1)正平线

① 正面投影反映实长,且反映与水平投影面的夹角 α,与侧投影面的夹角 γ;

② 水平投影处于水平位置,侧面投影处于竖直位置,分别平行于 OX 轴与 OZ 轴。

(2)水平线

① 水平投影反映实长,且反映与正投影面的夹角 β,与侧投影面的夹角 γ;

② 其他两个投影处于水平位置,分别平行于 OX 轴与 OY_W 轴。

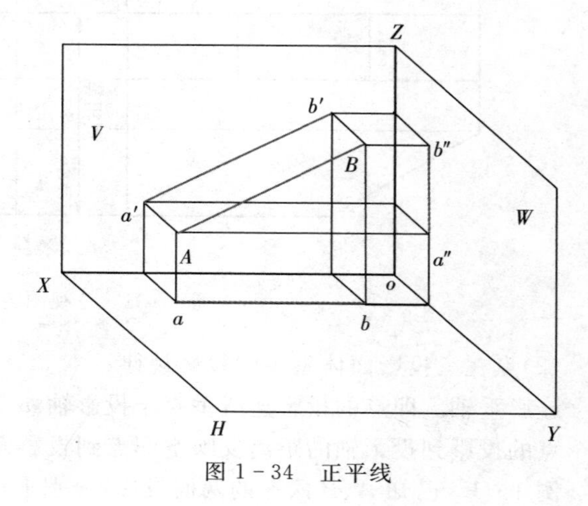

图 1－34　正平线

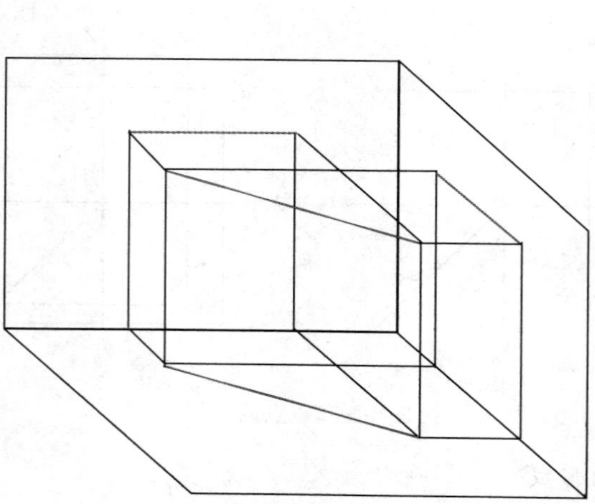

图 1－35　水平线

(3)侧平线

① 侧面投影反映实长，且反映与水平投影面的夹角 α，与正投影面的夹角 β；

② 其他两个投影处于竖直位置，分别平行于 OY_H 轴与 OZ 轴。

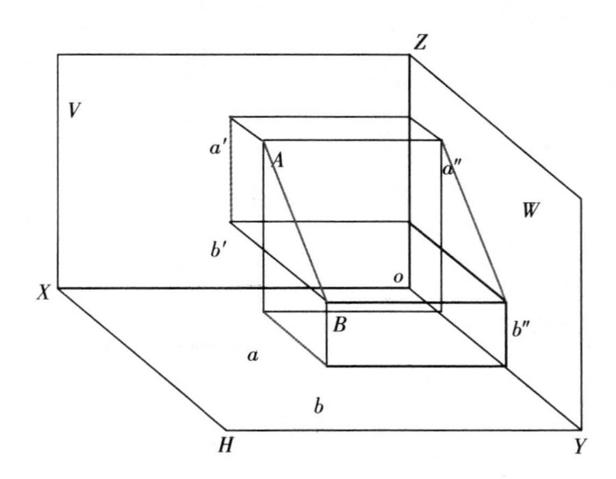

图 1-36　侧平线

4. 平面的投影

(1)铅垂面

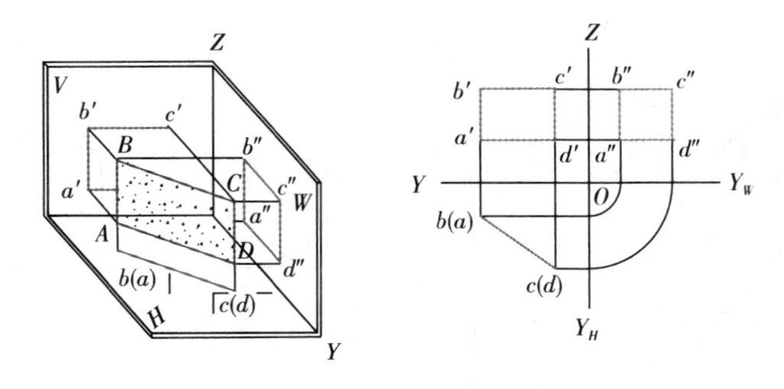

图 1-37　铅垂面

(2)正垂面

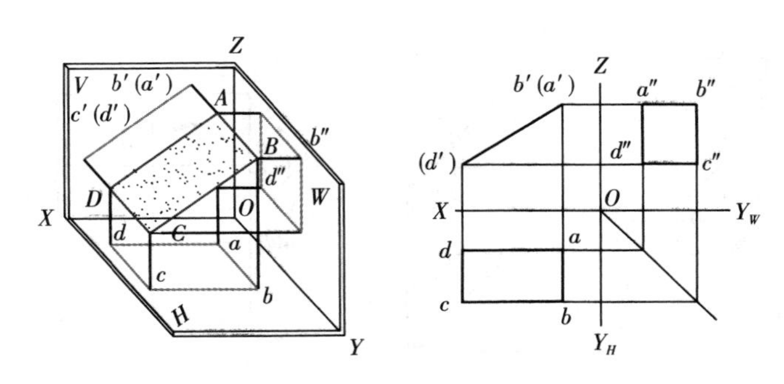

图 1-38　正垂面

(3)侧垂面

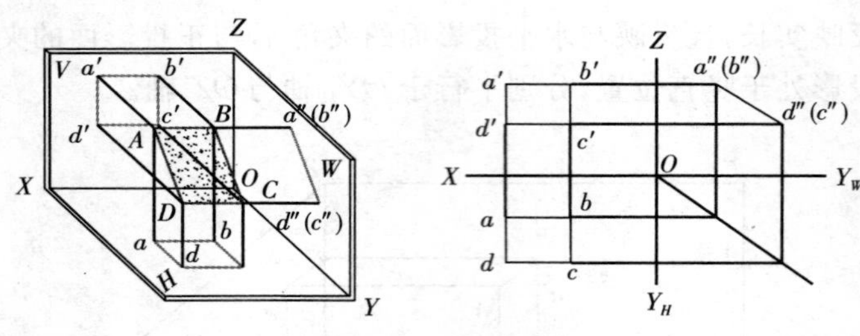

图 1-39 侧垂面

(4)水平面

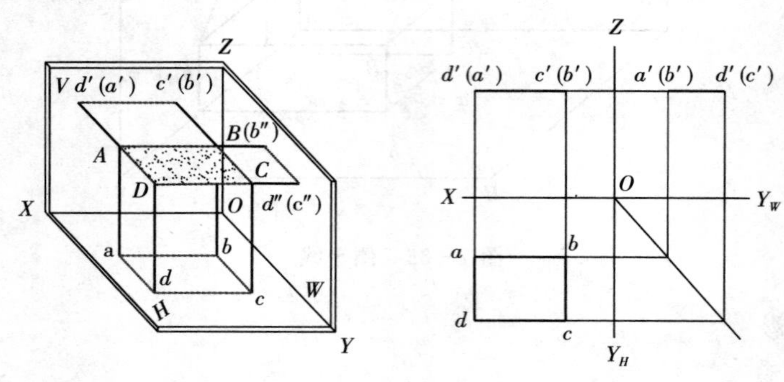

图 1-40 水平面

(5)正平面

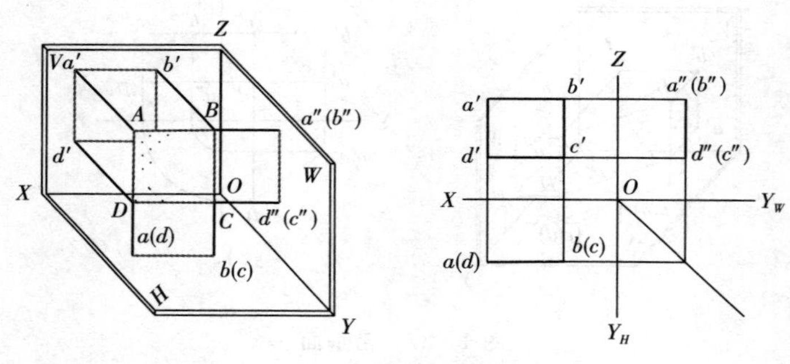

图 1-41 正平面

(6)侧平面

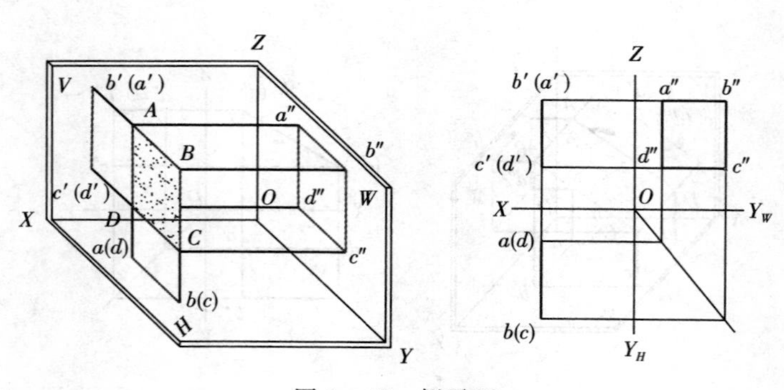

图 1-42 侧平面

1.4　任务实施

1.4.1　垫片测量

请对垫片进行两次测量，两次测量方向角度为 90 度。将所测得数据填写在下表中：

序号	外径(mm)	内径(mm)	厚度(mm)	测量者
1				
2				
平均值				

1.4.2　垫片绘制

绘制步骤：

(1)绘制 A4 图框和标题栏；

(2)确定主视图和俯视图位置，绘制中心线；

(3)使用丁字尺、三角板、圆规绘制垫片主视图和俯视图，使视图符合投影规律；

(4)标注垫片外径、内径和厚度。

1.5　成绩评定

指导教师根据下表评定学生作品成绩：

学生姓名		总得分	
项目	检测内容	评分标准	得分
垫片零件测量	垫片外径测量	错误扣 10 分	
	垫片内径测量	错误扣 10 分	
	垫片厚度测量	错误扣 10 分	
	测量工具使用规范	不规范扣 5 分	
垫片零件绘制	线条使用	错误 1 处扣 10 分	
	图纸幅面、标题栏填写	错误 1 处扣 10 分	
	尺寸标注	错误 1 处扣 10 分	
工作素养	服从指导教师	指导教师自由裁量	
	按时完成任务	每延迟 1 天扣 10 分	

1.6 强化训练

在 A4 图纸上绘制图示图案，要求：

(1)图纸幅面绘制正确，图样布置整齐，图面干净；

(2)各种线条绘制正确；

(3)标注正确；

(4)标题栏绘制、填写正确。

练习一：

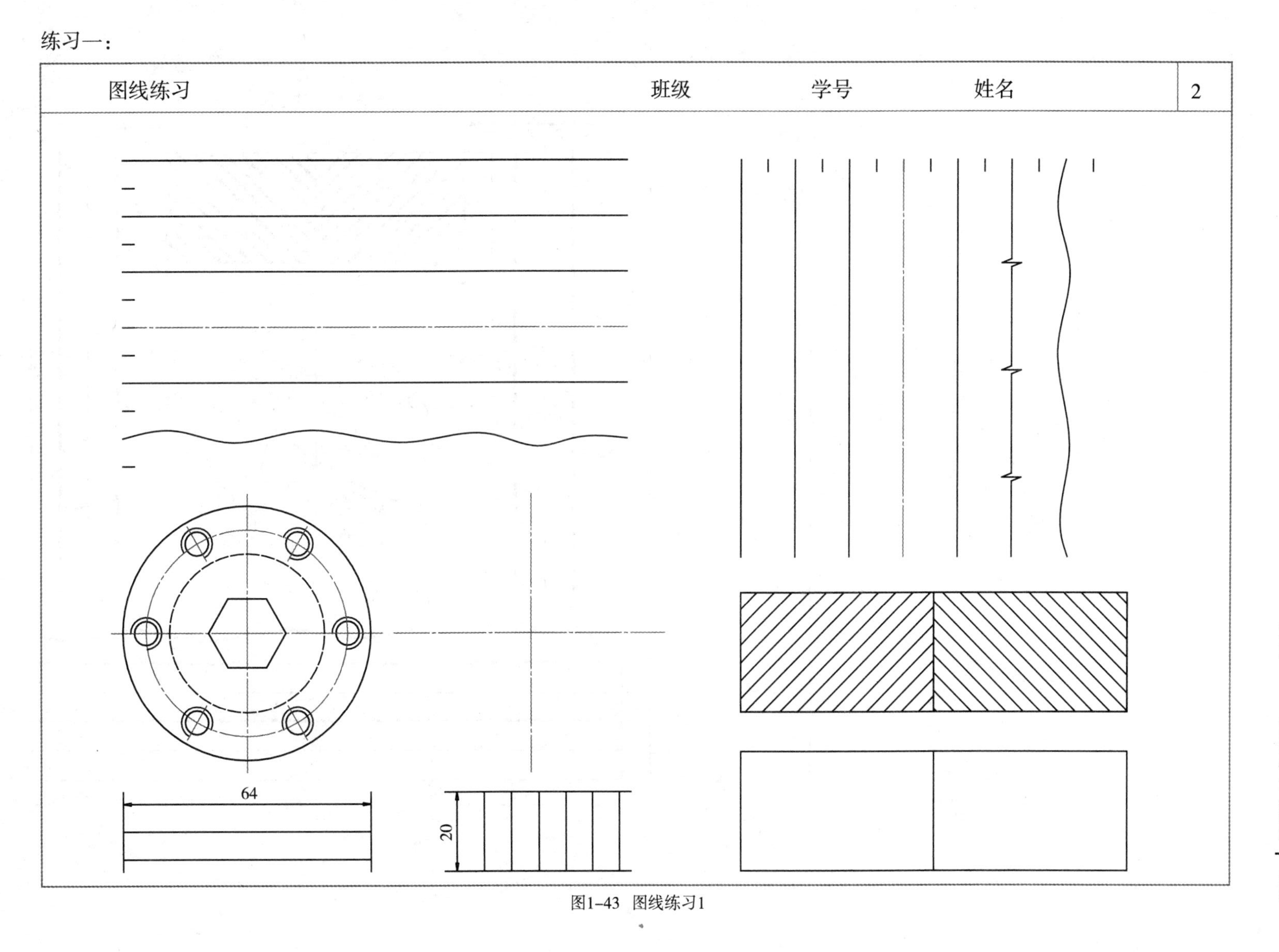

图1-43 图线练习1

练习二:

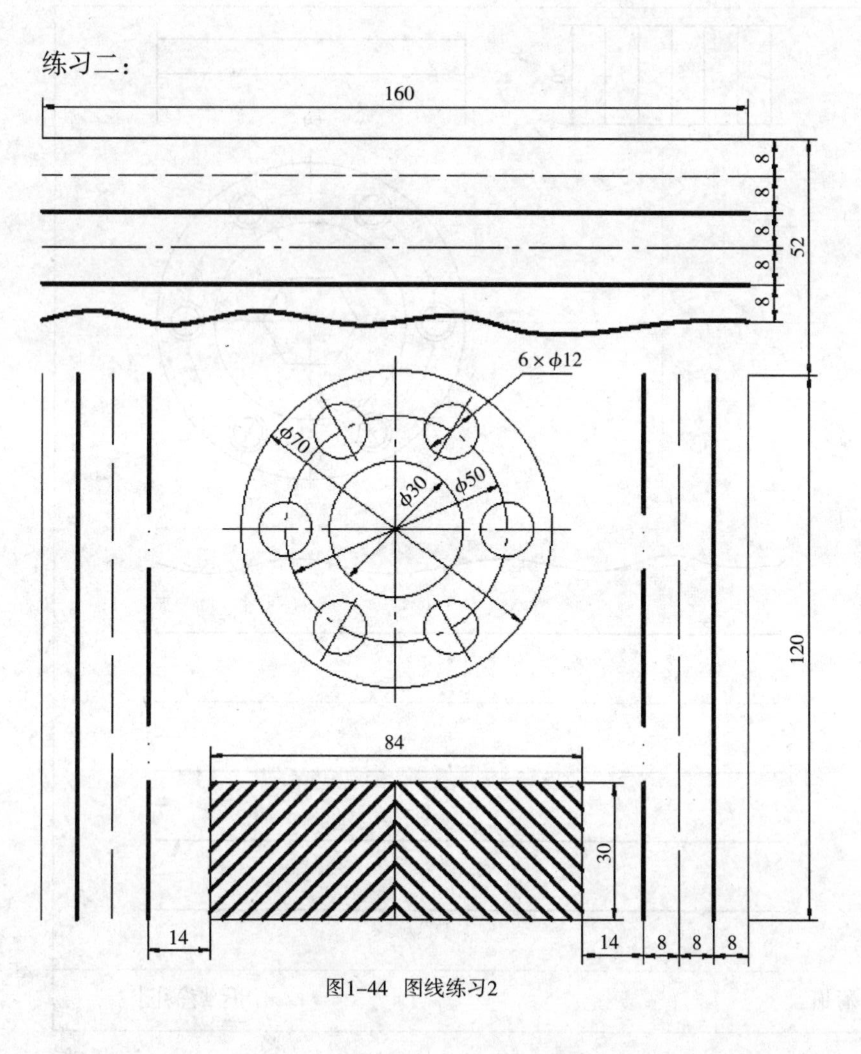

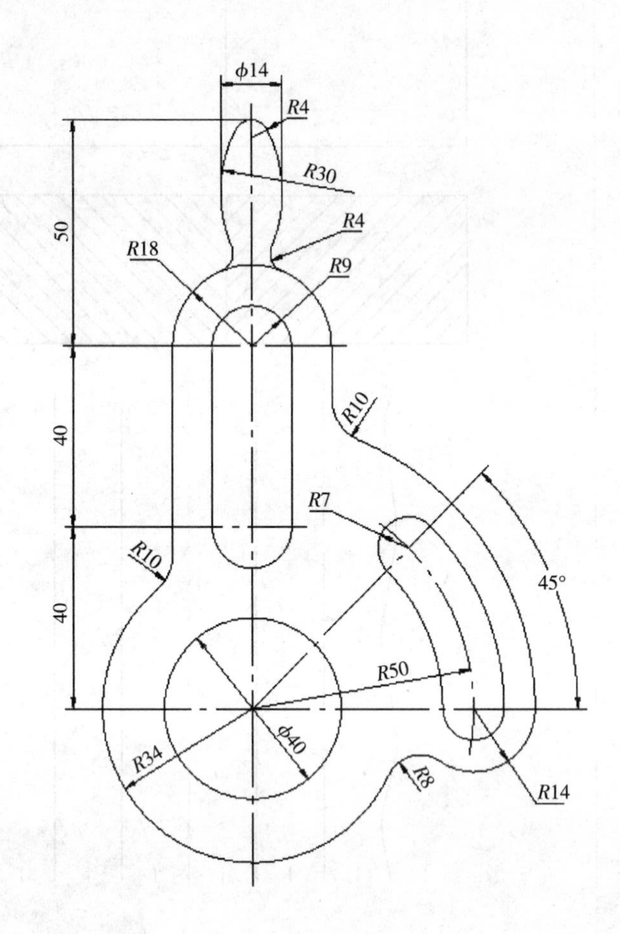

图1-44 图线练习2

项目二　导柱、导套零件测绘

2.1　任务单:导柱、导套零件测绘

<table>
<tr><td>任务名称</td><td>导柱、导套零件测绘</td></tr>
<tr><td>任务描述</td><td>学生在教师的指导下,使用游标卡尺、R 规等工具完成导柱、导套零件主参数的测量,参考设计手册标准数据对所测数据进行圆整,并根据圆整数据在 A4 图纸分别绘制导柱、导套零件图</td></tr>
<tr><td>学习目标</td><td>(一)知识目标:
(1)掌握正投影法原理;
(2)理解三视图的形成;
(3)掌握三视图的投影关系;
(4)掌握全剖视图和局部放大视图的定义及画法;
(5)了解公差、偏差和基准制定义;
(6)了解导柱、导套零件的材料及热处理。
(二)能力目标:
(1)能使用游标卡尺、R 规等工具完成导柱、导套零件的测绘;
(2)能使用手工绘图工具完成导柱、导套零件图的绘制。
(三)职业素养:
(1)服从指导教师工作安排;
(2)在规定的时间内完成任务;
(3)主动学习</td></tr>
<tr><td colspan="2">考核标准</td></tr>
<tr><td colspan="2">学生根据给定导柱和导套零件绘制 4 号零件图 2 张,要求:
(1)点画线、粗实线、细实线、剖面线等线条使用正确。错误 1 处扣 10 分。
(2)图纸幅面、标题栏绘制和填写正确。错误 1 处扣 10 分。
(3)尺寸标注正确、尺寸线、尺寸界线使用合理。错误 1 处扣 10 分。
(4)视图位置布置合理,投影关系正确。投影关系错误 1 处扣 10 分。
(5)公差标注正确。标注错误 1 处扣 10 分。
(6)测量工具使用方式正确,导柱、导套各部分尺寸测量准确,数据圆整符合标准要求。工具操作错误 1 次扣 5 分,主参数测量错误 1 处扣 10 分,圆整数据错误 1 处扣 10 分。
(7)图面干净、视图布置位置合理。存在明显涂改痕迹,每处扣 5 分。
(8)服从指导教师、按时完成任务。由指导教师酌情扣分或不扣分</td></tr>
<tr><td colspan="2">完成时间:2 周</td></tr>
</table>

2.2 任务分析

2.2.1 任务分析

导柱、导套是模具常用标准件，用于模具工作过程中的导向，以提高模具精度和冲件精度。导柱是典型轴类零件、导套是典型套类零件。由于导柱、导套的精度要求较高，因此单件图纸上应当标注公差。导柱圆角或油沟尺寸较小，往往需要绘制放大图；导套内部结构清晰表达往往需要通过剖视表达。通过此任务，学生将学习公差有关知识和放大、剖视表达方法。

2.2.2 引导文

一、填空：

1. 工程常用的投影法分为两类__________和__________，其中正投影法属于__________投影法。

2. 图样中，机件的可见轮廓线用__________画出，不可见轮廓线用__________画出，尺寸线和尺寸界限用__________画出，对称中心线和轴线用__________画出。

3. 比例是__________与__________相应要素的线性尺寸比，在画图时应尽量采用__________的比例，需要时也可采用放大或缩小的比例，其中 1∶2 为__________比例，2∶1 为__________比例。无论采用哪种比例，图样上标注的应是机件的__________尺寸。

4. 标注尺寸的三要素__________、__________和__________。

5. 在机械制图中选用规定的线型，虚线是用于__________线，中心线、对称线就用__________线。

6. 三视图的投影规律__________。

7. 常用图线的种类有____等 8 种。

8. 当投射线互相__________，并与投影面__________时，物体在投影面上的投影叫__________。按正投影原理画出的图形叫__________。

9. 影响相贯线变化的因素有__________变化、__________变化和__________变化。

10. 主视图所在的投影面称为__________，简称__________，用字母__________表示。

11. 俯视图所在的投影面称为__________，简称__________，用字母__________表示。

12. 左视图所在的投影面称为__________，简称__________，用字母__________表示。

13. 主视图是由______向______投射所得的视图，它反映形体的______和______方位，即______方向。

14. 俯视图是由______向______投射所得的视图，它反映形体的______和______方位，即______方向。

15. 左视图是由______向______投射所得的视图，它反映形体的______和______方位，即______方向。

16. 三视图的投影规律是：主视图与俯视图______；主视图与左视图______；俯视图与左视图______。

17. 基本视图一共有______个，它们的名称分别是______。

18. 配合的基准制有______和______两种。优先选用______。

19. 制造零件时，为了使零件具有互换性，并不要求零件的尺寸做得绝对准确，而只要求在一个合理范围之内，由此就规定了______。

20. 允许尺寸的变动量称为______。

21. 允许尺寸变化的两个值称为______。

22. 基本尺寸相同的，相互结合的孔和轴公差带之间的关系，称为______。

23. 使用要求的不同，孔和轴之间的配合有松有紧，国标因此规定配合分为3类，即：______、______和______。

24. 常用的热处理及表面处理方法有：______，______，______，______，______，______。

二、选择

1. 已知立体的主、俯视图，正确的左视图是(　　)。

(a)　(b)　(c)　(d)

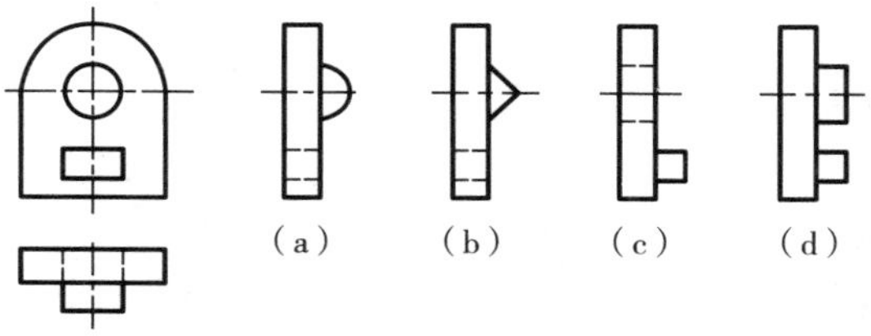

2. 根据主、俯视图，判断主视图的剖视图哪个是正确的。(　　)

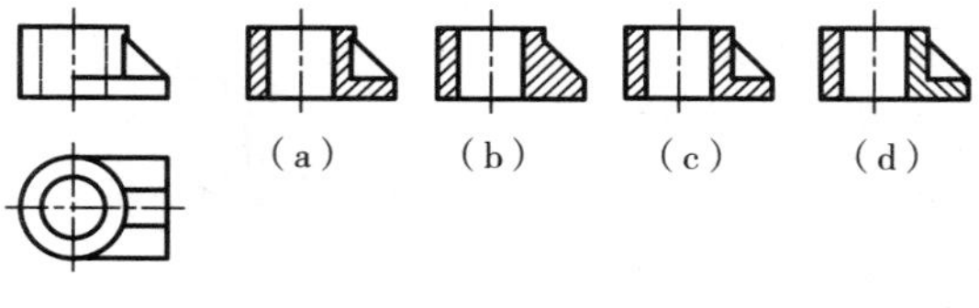

(a)　(b)　(c)　(d)

3. 已知物体的主、俯视图，正确的左视图是(　　)。

(a)　(b)　(c)　(d)

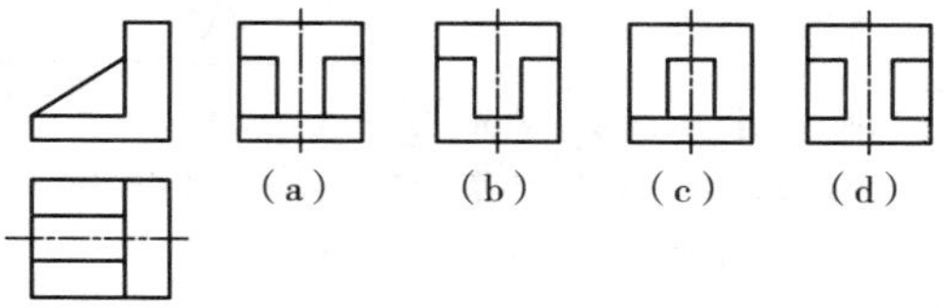

4. 已知圆柱截切后的主、俯视图，正确的左视图是(　　)。

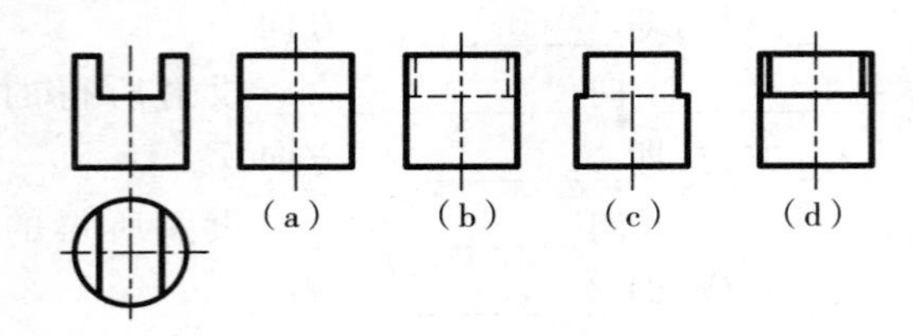

三、简答题

1. 说明 Φ40H7 的意义。

2. 导柱、导套的材料及热处理要求？

2.3 知识链接

2.3.1 剖视图

剖视图是用来表达机件内部形状的视图，如图 2－1 所示。

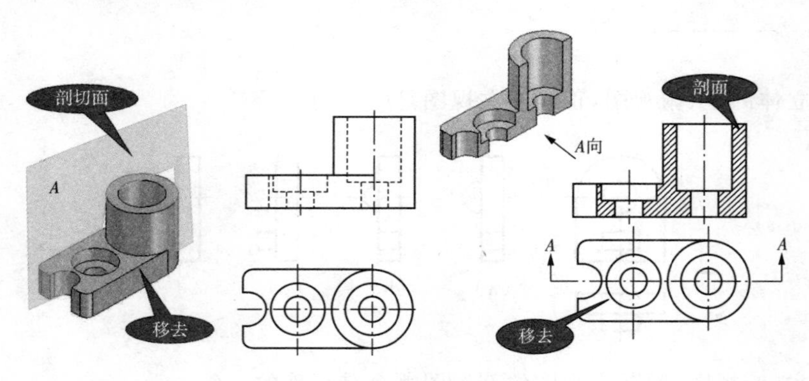

图 2－1 剖视图

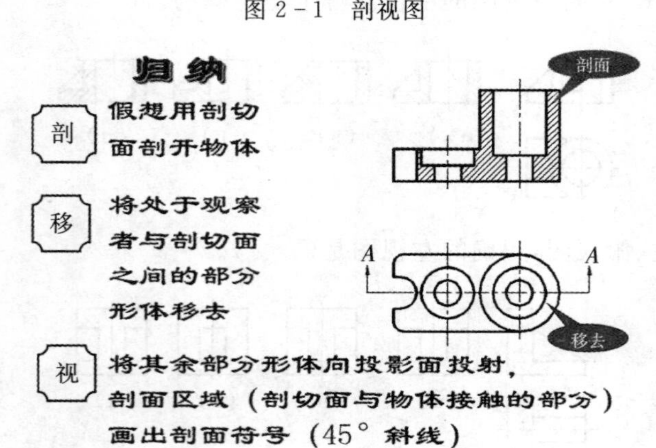

剖视图的画法如下：

剖切符号：用粗短画（线宽 1～3.5d）表示，用以指示剖切面的位置，并用箭头表示投影方向。

剖视图："假想"剖开投影后，所有可见的线均画出，不能遗漏。

剖面符号：剖切平面与机件的接触部分（断面）画剖面线，剖面线应以适当角度的细实线绘制，最好为 45°斜线，同一机件的各个视图中剖面线方向与间距必须一致。

剖视图的配置与标注：剖视图名称用"$X-X$"表示，如图 2－2 所示。

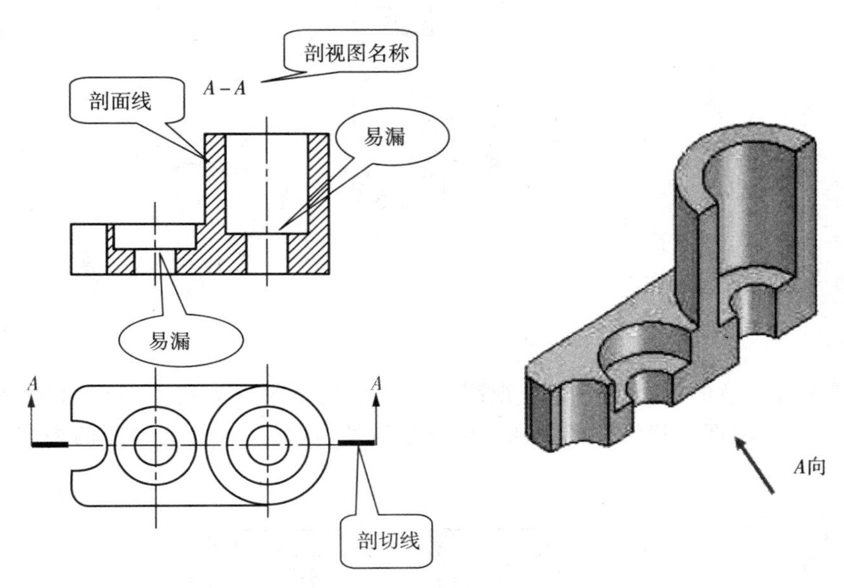

图 2－2　剖视图的配置与标注

2.3.2　剖视图的种类

1. 全剖视图

用剖切面完全地剖开机件所得的剖视图，如图 2－3 所示。

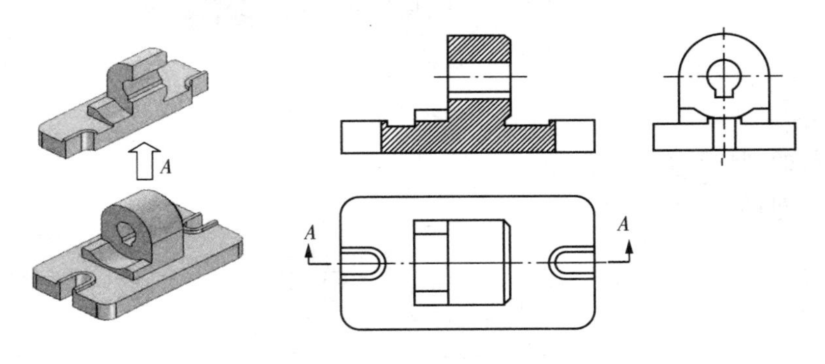

图 2－3　全剖视图

注意：因剖视图已表达清楚机件的内部结构，其他视图不必画出虚线。

2. 半剖视图

当机件具有对称平面时，向垂直于对称平面的投影面上投影所得的视图，允许以对称中心线为界，一半画成剖视图，另一半画成视图，如图 2－4 所示。

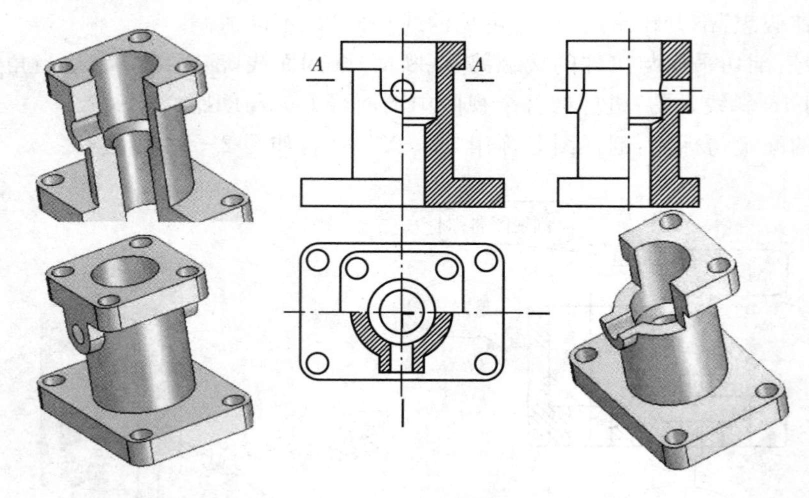

图 2－4　半剖视图

画半剖视图应注意的问题：(1)半个视图与半个剖视图的分界线用细点划线，而不能用粗实线。(2)机件的内部形状已在半剖视图中表达清楚，在另一半表达外形的视图中不必再画出虚线。

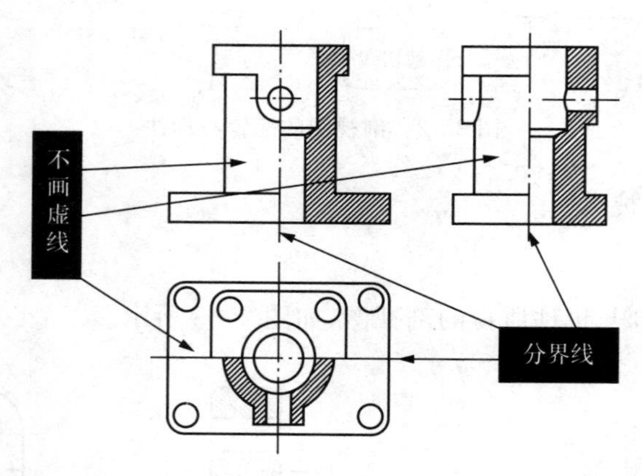

3. 阶梯剖

几个平行的剖切平面(阶梯剖)

标注方法如，如图 2－5 所示：

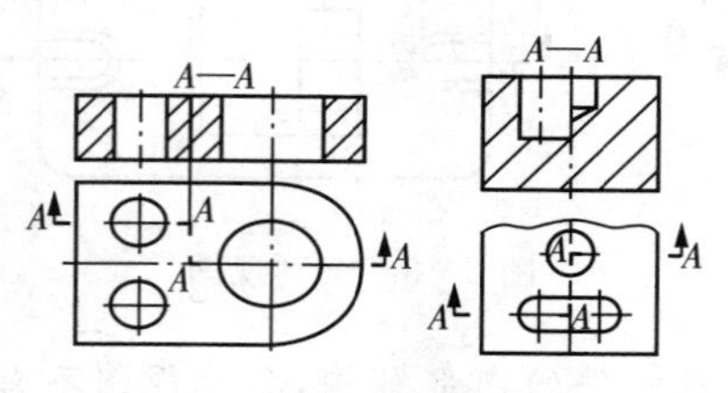

图 2－5　阶梯剖

注意以下问题：

① 两剖切平面的转折处不应与图上的轮廓线重合，在剖视图上不应在转折处画线。

② 在剖视图内不能出现不完整的要素。只有当两个要素有公共对称中心线或轴线时，可以此为界各画一半。

适用范围：当机件上的孔槽及空腔等内部结构不在同一平面内时。

4. *旋转剖*

用两相交的剖切平面剖开机件，并以交线为轴，把倾斜结构旋转到平行于投影面的位置，投射后的图样称为旋转剖视图，如图 2-6 所示。

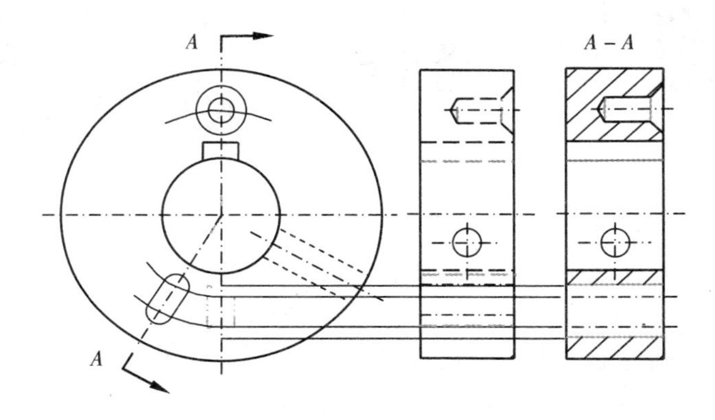

图 2-6　旋转剖

(1)画法：先剖切、转平后再投影；

(2)注意：剖切平面后的可见部分位置不转；

(3)必须标注。

应注意的问题：

① 两剖切面的交线一般应与机件的轴线重合。

② 在剖切面后的其他结构仍按原来位置投射。

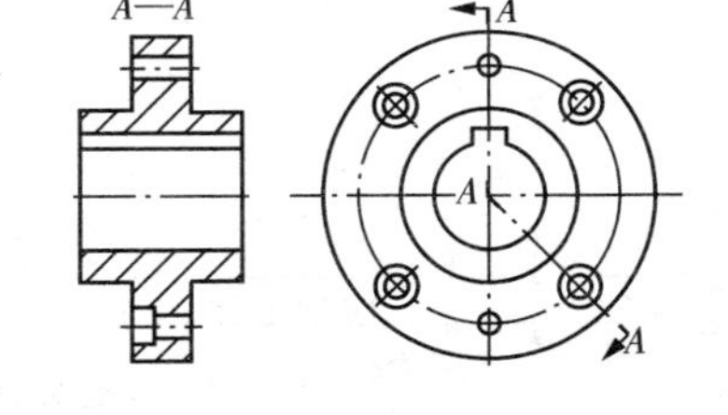

适用范围：当机件的内部结构形状用一个剖切平面剖切不能表达完全，且机件又具有回转轴时。适于有主要轴线的盘、盖等类零件。

5. *局部剖*

局部剖视图—用剖切平面局部地剖开机件所得到的剖视图，如图 2-7 所示。

画局部剖视图应注意的问题：①已表达清楚的结构形状虚线不再画出。②局部剖视图用波浪线分界，波浪线应画在机件的实体上，不能超出实体轮廓线，也不能画在机件的中空处。③波浪线不应轮廓的延长线上，也不用轮廓线代替，或与图样上其他图线重合。

2.3.3　公差的基本概念

1. 轴

轴通常指工件的圆柱形外表面。也包括非圆柱形外表面(由两平行平面或切面形成的被包容面)。

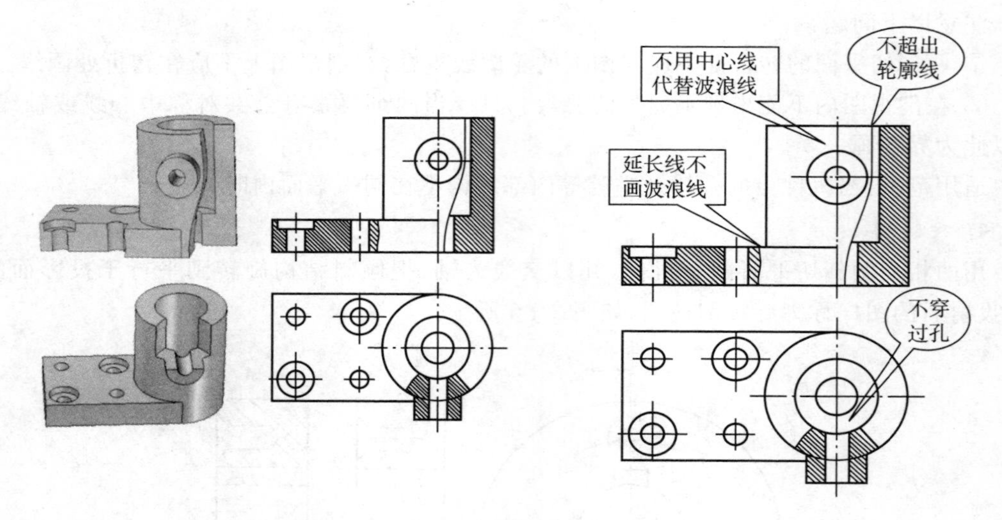

图 2－7　局部剖

基准轴由是指在基轴制配合中选作基准的轴，即上偏差为零的轴。

2. 孔

孔通常指工件的圆柱形内表面。也包括非圆柱形内表面（由两平行平面或切面形成的包容面）。

基准孔是指在基孔制配合中选作基准的孔，即下偏差为零的孔。

3. 尺寸

基本尺寸　是设计给定的尺寸，通过它应用上、下值差可以算出极限尺寸，如图 2－7 所示。基本尺寸可以是一个整数或一个小数，例如：32，15，8.75，0.5 等。

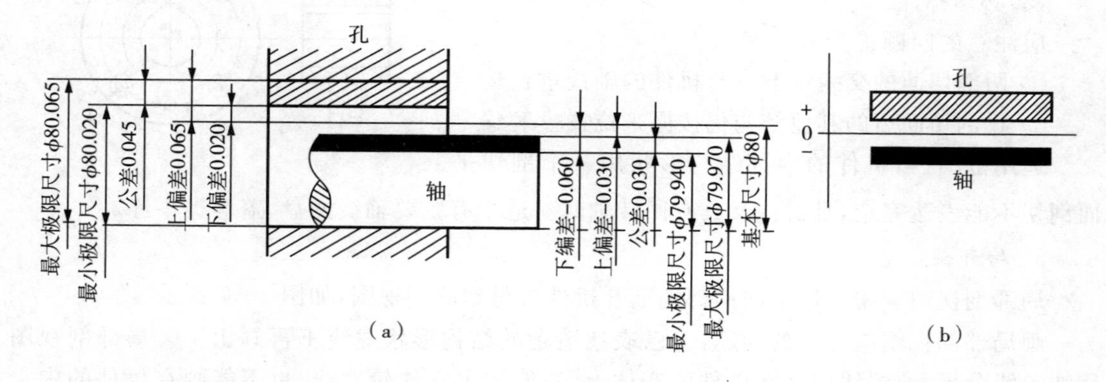

图 2－8　术语图解与公差带图

实际尺寸　是指通过测量获得的某一孔、轴的尺寸。

极限尺寸　是指一个孔或轴允许的尺寸的两个极端，实际尺寸应位于极限尺寸之中，也可以达到极限尺寸。

最大极限尺寸　是指孔或轴允许的最大尺寸。如图 2－8 所示，孔的最大极限尺寸为 Φ80.065mm，轴的最大极限尺寸为 Φ79.970mm。

最小极限尺寸　是指孔或轴允许的最小尺寸。如图 2－8 所示，孔的最小极限尺寸为 Φ80.020mm，轴的最小极限尺寸为 Φ79.940mm。

4. 偏差的术语及其定义

零线　在极限与配合图解中，表示孔或轴的基本尺寸的一条直线称为零线。以其为基准确定偏差。通常将零线沿水平方向绘制，正偏差位于零线上方，负偏差位于零线下方。

偏差　是指某一尺寸(实际尺寸、极限尺寸等)减其基本尺寸所得的代数差。其值可正、可负或为零。

实际偏差　是指实际尺寸减其基本尺寸所得的代数差。.

极限偏差　极限尺寸减其基本尺寸所得的代数差称为极限偏差。

上偏差　最大极限尺寸减其基本尺寸所得的代数差称为上偏差，孔和轴的上偏差分别以 ES 和 es 表示。

下偏差　最小极限尺寸减其基本尺寸所得的代数差称为下偏差，孔和轴的下偏差分别以 EI 和 ei 表示。

基本偏差　确定公差带相对零线位置的上偏差或下偏差称为基本偏差。标准规定，以靠近零线那个极限偏差作为基本偏差，基本偏差系列示意图见图 2－9。

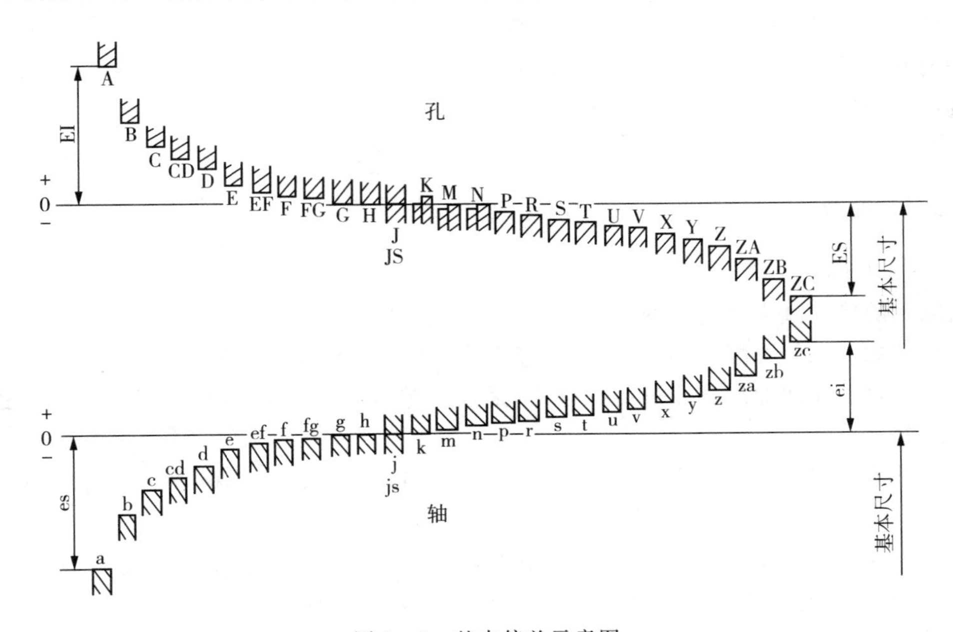

图 2－9　基本偏差示意图

5. 公差的术语及其定义

尺寸公差是最大极限尺寸减最小极限尺寸之差，或上偏差减下偏差之差，由定义可以看出，它是允许尺寸的变动量，尺寸公差简称公差。公差值恒为正值。

如图 2－9 中孔、轴的公差可分别计算如下：

孔 $\begin{cases} \text{公差}=\text{最大极限尺寸}-\text{最小极限尺寸}=80.065-80.020=0.045\text{mm.} \\ \text{公差}=\text{上偏差}-\text{下偏差}=0.065-0.020=0.045\text{m} \end{cases}$

轴$\begin{cases}公差=最大极限尺寸-最小极限尺寸=79.970-79.940=0.030\text{mm}\\公差=上偏差-下偏差=0.030-0.060=-0.030\text{mm}\end{cases}$

公差用于限制尺寸误差，是尺寸精度的一种衡量方法：公差值越小，尺寸的精度就越高，实际尺寸的允许变动量就越小，反之，公差值越大，尺寸的精度就越低。

标准公差(IT)　是指国家标准(GB1800—1998)所规定的已标准化的公差值，它确定了公差带的大小(字母 lT 为“国际公差”的符号)。

标准公差等级确定尺寸精确程度的等级称为公差等级，极限与配合标准规定：同一公差等级(例如 IT7)对所有基本尺寸的一组公差被认为具有同等精确程度。

公差带　由代表上偏差和下偏差或最大极限尺寸和最小极限尺寸的两条直线所限定的一个区域称为公差带。它是由公差大小和其相对零线的位置如基本偏差来确定的。

公差带由两个要素组成：一个是公差带大小，另一个是公差带位置，公差带大小由标准公差决定。国家标准将标准公差分为 20 个等级，即由 IT01，IT0，IT1，IT2，…，IT18，其中 IT01 级精度最高，IT18 级精度最低，公差等级越高，公差值越小。公差带位置由基本偏差决定，基本偏差是指靠近零线的那个偏差，它可以是上偏差，也可以是下偏差，国家标准对孔和轴分别规定了 28 种基本偏差，用拉丁字一母表示，大写字母表示孔的基本偏差即：A，B，C，CD，D，E，EF，F，FG，G，H，J，JS，K，M，N，P，R，S，T，U，V，X，Y，Z，ZA，ZB，ZC。小写字母表示轴的基本偏差即：a，b，c，cd，d，e，ef，f，fg，g，h，j，js，m，n，p，r，s，t，u，v，x，y，z，za1，zb，zc。

其中，H 代表基准孔，h 代表基准轴．

公差带代号由基本代号(字母)和标准公差等级(数字)组成。如 H7，f7，k6，n6，s6 等。

2.3.4　配合

1. 基本术语

间隙孔的尺寸减去相配合的轴的尺寸为正时是间隙。

最小间隙　在间隙配合中，最小间隙等于孔的最小极限尺寸与轴的最大极限尺寸之差。

最大间隙　在间隙配合或过渡配合中，最大间隙等于孔的最大极限尺寸与抽的最小极限尺寸之差。

最大过盈　在过盈配合或过渡配合中，最大过盈等于孔的最小极限尺寸与轴的最大极限尺寸之差。

配合　基本尺寸相同的，相互结合的孔和轴公差带之间的关系称为配合。根据使用的要求不同，孔与轴配合的松紧程度也不同，配合的种类有 3 种。

间隙配合　具有间隙(包括最小间隙等于零)的配合，此时，孔的公差带在轴的公差带之上。

过盈配合　具有过盈(包括最小过盈等于零)的配合，此时，孔的公差带在轴的公差带之下。

过渡配合　可能具有间隙或过盈的配合。此时，孔的公差带与轴的公差带相互交叠。

2. 配合制

配合制是指同一极限制的孔和轴组成配合的一种制度。

基孔制配合　基本偏差为一定的孔的公差带与不同基本偏差的轴的公差带形成各种配合的一种制度称为基孔制。标准规定：基孔制配合中孔的最小极限尺寸与基本尺寸相等，即孔的下偏差为零，如图 2-10 所示。

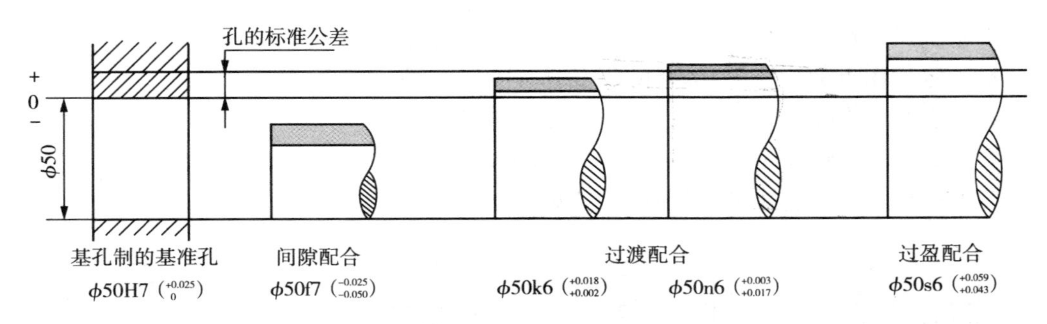

图 2－10　基孔制配合

图 2－10 中列出了基孔制配合中孔、轴公差带之间的关系，即以孔的公差带的大小和位置为基准，当轴的公差带位于它的下方时，形成间隙配合；当轴的公差带位于它的上方时，形成过盈配合；当轴的公差带与孔的公差带相互交叠时，形成过渡配合。

现将基孔制配合的内容归纳如下：

① 基孔制配合的孔称为基准孔，代号为“H”，其上偏差为正值，下偏差为零，最小极限尺寸等于基本尺寸。

② 基孔制配合就是将孔的公差带保持一定，通过改变轴的公差带使孔、轴之间形成的松紧程度不同的间隙配合、过渡配合、过盈配合，以满足各种不同的使用要求。实际上，通过图 2－10 中图形下面所列出孔、轴的极限偏差即可直接判断出配合类别。

基轴制配合　基本偏差为一定的轴的公差带，与不同基本偏差的孔的公差带形成各种配合的一种制度称为基轴制。标准规定：基轴制配合中轴的最大极限尺寸与基本尺寸相等，即轴的上偏差为零，如图 2－11 所示。

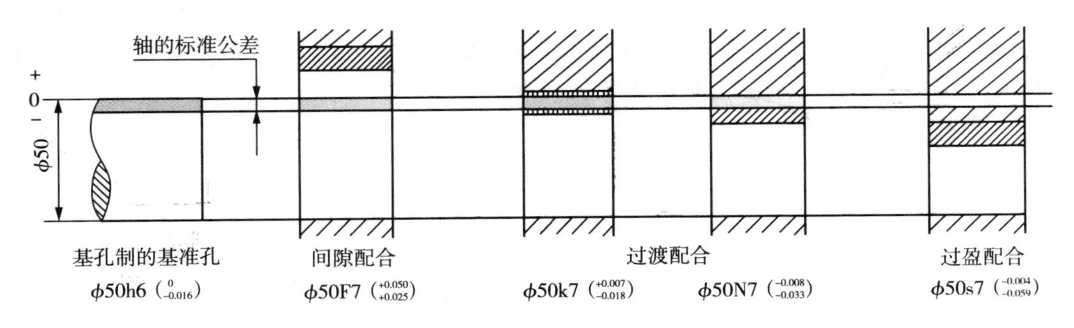

图 2－11　基轴制配合

如将该图与图 2－10 进行比较，并进行同样的分析，可将基轴制配合的内容归纳如下：

① 基轴制配合的轴称为基准轴，代号为“h”，其上偏差为零，下偏差为负值，最大极限尺寸等于基本尺寸，

② 基轴制配合就是将轴的公差带保持一定，通过改变孔的公差带使孔、轴之间形成松紧程度不同的间瞭配合、过渡配合、过盈配合，以满足各种不同的使用要求。读者也可通过图中给出的极限偏差直接判断出轴、孔之间的配合类别。

3. 极限与配合的标注

(1)在装配图上的标注　在装配图上标注配合代号时应采用组合式注法，如图 2－12a

所示，在基本尺寸后面用分式表，分子为孔的公差带代号，分母为轴的公差带代号。

(2)在零件图上的标注　在零件图上的标注有3种形式：

① 在基本尺寸后只标注公差带代号(见图2-12b)。

② 在基本尺寸后只标注极限偏差(见图2-12c)。

③ 在基本尺寸后代号和偏差都标注(见图2-12d)。

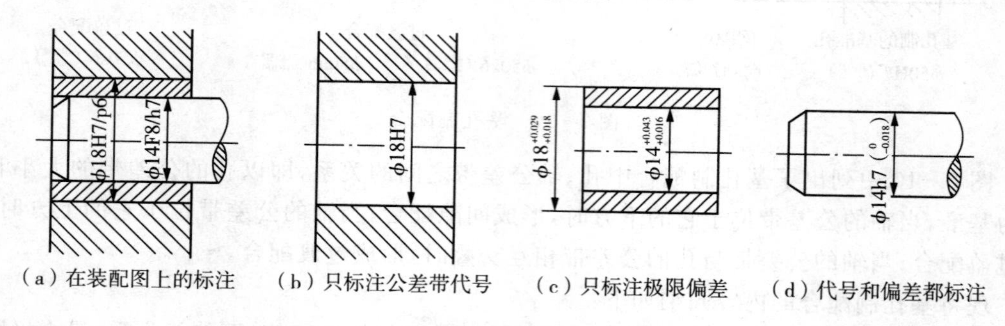

(a) 在装配图上的标注　(b) 只标注公差带代号　(c) 只标注极限偏差　(d) 代号和偏差都标注

图2-12　极限与配合在图样上的标注形式

4. 一般用途、常用和优先孔、轴公差带及配合 GB18001—1999规定的20个标准公差等级及孔、轴各28种基本偏差可组成多种大小和位置都不同的孔、轴公差带。不同的孔、轴公差带又可以组成种类更为繁多的配合。若使用数量过多的孔、轴公差带及配合，显然会给生产、制造、管理带来极大的麻烦，且也不必要。故在生产中有必要对孔、轴公差带及配合的选用加以限制。

在国家标准中，对孔、轴分别规定了105，116种一般用途的公差带，在其中对孔、轴又分别筛选出了44，59种常用公差带，在此基础上又进一步筛选出孔、轴各13种优先采用的公差带，基本尺寸至500mm一般、常用和优先孔、轴公差带分别如图2-13和图2-14所示，方框内的是常用公差带，圆圈中的是优先公差带。

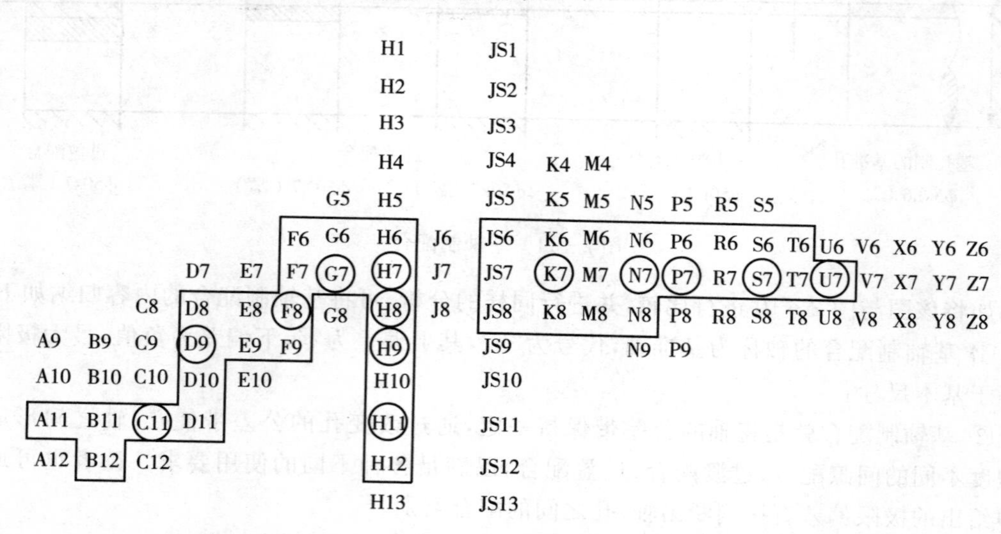

图2-13　基本尺寸至500mm一般、常用和优先孔公差带

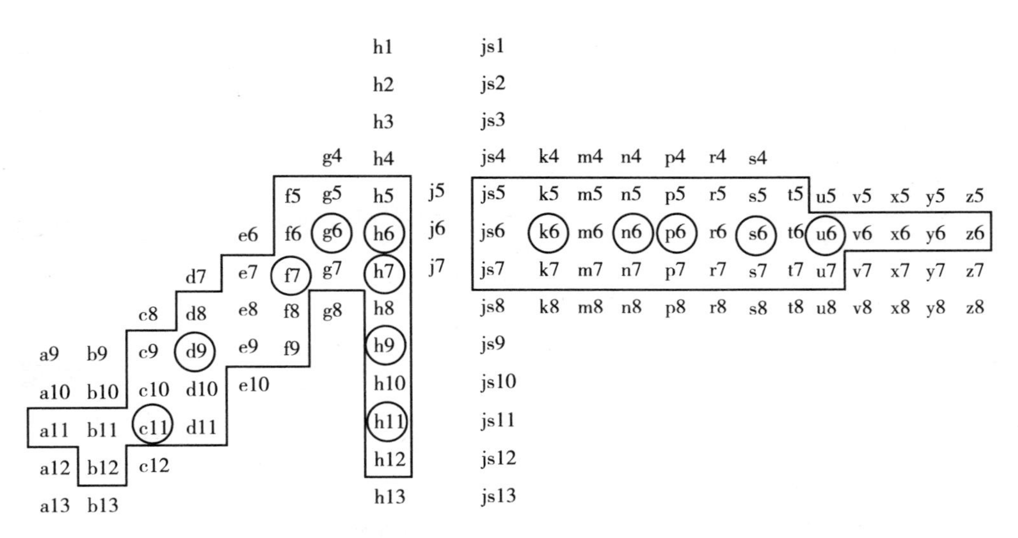

图 2-14　基本尺寸至 500mm 一般、常用和优先轴公差带

5. 配合代号的识读

配合代号的识读举例见表 2-3。

表 2-3　配合代号的识读举例

项目 代号	孔的极限偏差	轴的极限偏差	公差	配合制度与类别	公差带图解
60H7/n6	+0.030 0		0.030	基孔制过渡配合	
		+0.039 +0.020	0.019		
Φ20H7/s6	+0.021 0		0.021	基孔制过盈配合	
		+0.048 +0.035	0.013		
Φ30H7/f8	+0.033 0		0.033	基孔制间隙配合	
		−0.020 −0.041	0.021		
Φ24G7/h6	+0.028 +0.007	−0.041	0.021	基轴制间隙配合	
		0 −0.013	0.013		

（续表）

项目 代号	孔的极限偏差	轴的极限偏差	公差	配合制度与类别	公差带图解
Φ100K7/h6	+0.010 −0.025		0.035	基轴制过渡配	
		0 −0.022	0.022		
Φ75R7/h6	−0.032 −0.062		0.030	基轴制过盈配	
		0 −0.019	0.019		
Φ50H6/h5	+0.016 0		0.016	基孔制，也可视为基轴制，是最小间隙为，零的一种间隙配合	
		0 −0.011	0.011		

2.3.5 R规操作方法

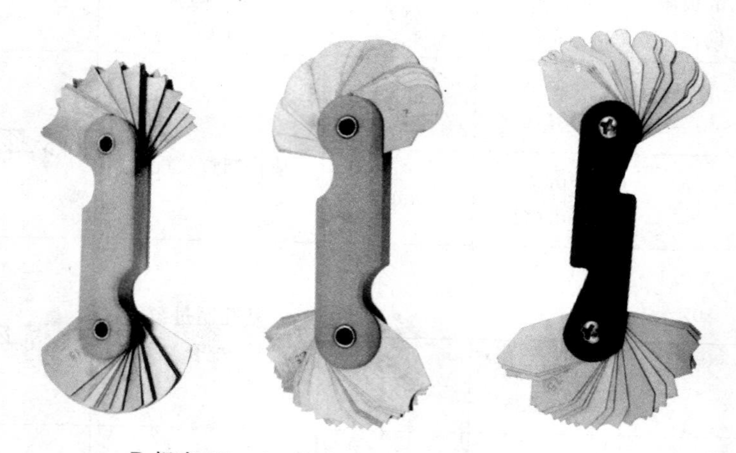

R规有R1－6.5，R7－14.5，R15－25三个规格

1. 操作步骤

根据所需测之R规格大小及圆弧类型（凹圆弧/凸圆弧）选择相对应规格的R规。

2. R规读数的方法：

用R规检测产品的读数值也就是与圆弧相重合之R规上所刻之数值大小。

3. 注意事项

（1）检测时不允许不带手套，赤手使用R规易使针规生锈。

（2）检测完毕应擦拭干净R规上的脏污，及屑粒等。

（3）应经常对R规进行清洗及加防锈油保养。

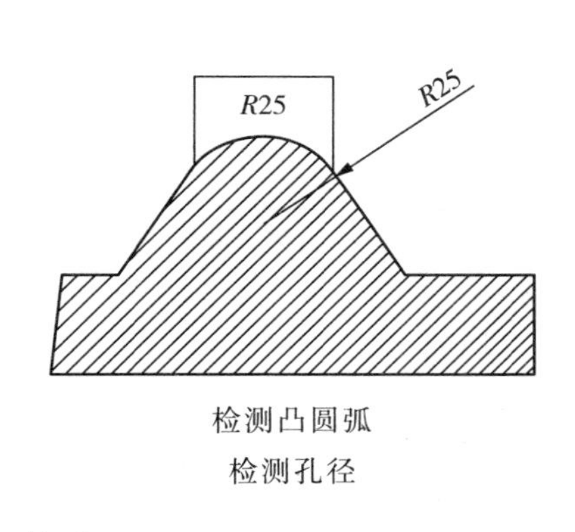

检测凸圆弧
检测孔径

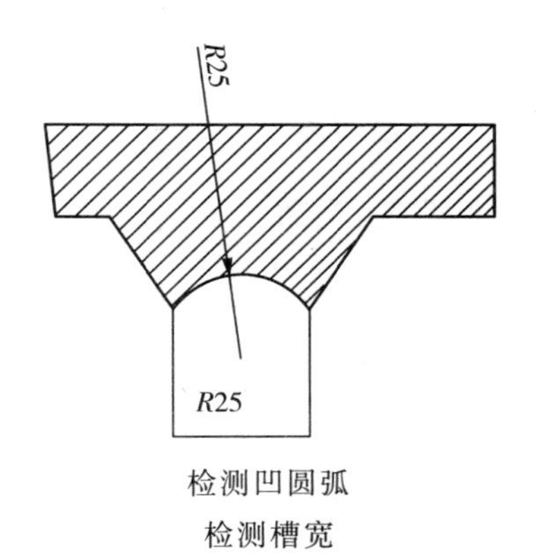

检测凹圆弧
检测槽宽

4. 校正

(1)每半年校正一次；

(2)外观检查；

(3)以目视检查 R 规是否有损坏；

(4)检查表面是否有锈迹。

5. 保养

每月保养作业必须执行一次。

2.3.6　导柱、导套材料及热处理

1. 导柱导套

导柱、导套是用于模具中与组件组合使用确保模具以精准的定位进行活动引导模具行程的导向元件；一般配合间隙很小，在 0.05mm 以内。导柱导套材料一般选用一般选用 20 钢、20Cr 等低碳钢或低碳合金钢。

2. 导柱、导套热处理：

导柱、导套热处理一般采用渗碳后淬火回火，保证渗碳深度 0.8～1.2mm 渗碳后的淬火硬度为 HRC45 左右；导柱表面粗糙度为 *R*a0.8、*R*a1.6。

2.4　任务实施

2.4.1　导柱测量

请对导柱进行两次测量。将所测得数据填写在下表中：

序号	直径	长度	顶部圆角	底部圆角	测量者
1					
2					
平均值					

2.4.2 导柱测量

请对导套进行两次测量。将所测得数据填写在下表中：

序号	内径	外径	长度	顶部倒角	底部倒角	测量者
1						
2						
平均值						

2.4.3 导柱、导套绘制

绘制步骤：
(1)分别在 A4 上绘制并绘制图框和标题栏；
(2)确定主视图和俯视图位置，绘制中心线；
(3)使用丁字尺、三角板、圆规绘制导柱、导套主视图和俯视图，使视图符合投影规律；
(4)尺寸标注。

2.5 成绩评定

指导教师根据下表评定学生作品成绩：

学生姓名		总得分	
项目	检测内容	评分标准	得分
导柱、导套零件测量	直径测量	错误 1 处扣 10 分	
	长度测量	错误 1 处扣 10 分	
	圆角测量	错误 1 处扣 10 分	
	测量工具使用规范	不规范扣 5 分	
零件绘制	线条使用	错误 1 处扣 10 分	
	图纸幅面、标题栏填写	错误 1 处扣 10 分	
	尺寸标注	错误 1 处扣 10 分	
工作素养	服从指导教师	指导教师自由裁量	
	按时完成任务	每延迟 1 天扣 10 分	

项目三　卸料板测绘

3.1　任务单:卸料板测绘

<table>
<tr><td>任务名称</td><td>卸料板测绘</td></tr>
<tr><td>任务描述</td><td>学生在教师的指导下,使用游标卡尺、螺旋测微器等工具完成卸料板零件主参数的测量,参考设计手册标准数据对所测数据进行圆整,并根据圆整数据在 A4 图纸绘制卸料板零件图。</td></tr>
<tr><td>学习目标</td><td>(一)知识目标:
(1)掌握局部剖、阶梯剖和旋转剖的定义和画法;
(2)掌握表面粗糙度的定义和标注方法;
(3)掌握常见几何公差的定义和标注方法;
(4)了解常见卸料板材料牌号、机械性能和热处理方法及热处理标注方法。
(二)能力目标:
(1)能使用游标卡尺、螺旋测微器等工具完成卸料板主参数的测量;
(2)能使用手工绘图工具完成卸料板零件图的绘制。
(三)职业素养:
(1)服从指导教师工作安排;
(2)在规定的时间内完成任务;
(3)主动学习</td></tr>
<tr><td colspan="2">考核标准</td></tr>
<tr><td colspan="2">学生根据给定卸料板零件绘制 4 号零件图 1 张,要求:
(1)点画线、粗实线、细实线、剖面线等线条使用正确。错误 1 处扣 10 分。
(2)图纸幅面、标题栏绘制和填写正确。错误 1 处扣 10 分。
(3)尺寸标注正确、尺寸线、尺寸界线使用合理。错误 1 处扣 10 分。
(4)视图位置布置合理,投影关系正确。投影关系错误 1 处扣 10 分。
(5)尺寸公差和几何公差标注正确。标注错误 1 处扣 10 分。
(6)技术要求标注正确。标注错误 1 处扣 5 分。
(7)测量工具使用方式正确,导柱、导套各部分尺寸测量准确,数据圆整符合标准要求。工具操作错误 1 次扣 5 分,主参数测量错误 1 处扣 10 分,圆整数据错误 1 处扣 10 分。
(8)图面干净、视图布置位置合理。存在明显涂改痕迹,每处扣 5 分。
(9)服从指导教师、按时完成任务。由指导教师酌情扣分或不扣分</td></tr>
<tr><td colspan="2">完成时间:1 周</td></tr>
</table>

3.2 任务分析和引导文

3.2.1 任务分析

卸料板是模具常用零件，用于模具工作过程中板料的卸下，以保证模具工作的连续性。卸料板形状多样，但多以长方体为主，卸料板上有若干孔，包括冲件形状、尺寸的漏件孔、配合用销孔、螺钉孔等。由于卸料板经常与板料接触且有相对滑动，为提高卸料板耐磨性，一般需对卸料板进行热处理。热处理方式和结果属于图纸常用技术要求内容，在图纸的技术要求部分进行热处理方式和结果的标注。卸料板内部结构多孔，因此需要用阶梯剖或局部剖等表达内部结构。由于存在螺纹孔，因此需要学生掌握螺纹的画法和标注方法及其含义。卸料板由于装配的关系，往往在某些位置存在几何公差要求，因此需要学生掌握几何公差的种类、含义和标注方法。

3.2.2 引导文

1. 阶梯剖、旋转剖和局部剖及螺纹表达

(1)什么是剖视图？

(2)根据机件内部结构表达的需要以及剖切范围大小，剖视图可分为＿＿＿＿＿＿、＿＿＿＿＿＿和＿＿＿＿＿＿。

(3)阶梯剖是用几个＿＿＿＿＿＿剖开机件的方法；主要用于＿＿＿＿＿＿。

(4)旋转剖是用几个＿＿＿＿＿＿剖开机件的方法；主要用于＿＿＿＿＿＿。

(5)局部剖是用＿＿＿＿地剖开机件所得的剖视图。局部剖主要用于＿＿＿＿。

(6)将主视图、左视图作全剖视图。

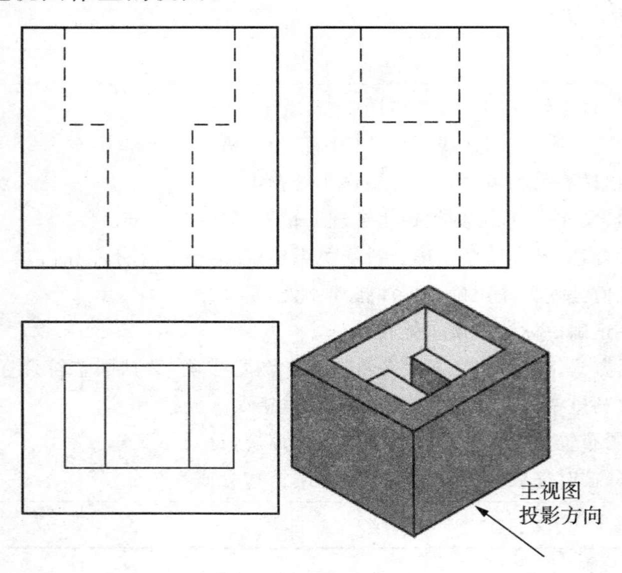

(7)判断下列六组剖视图的画法是否正确(正确的打√,错误的打×)

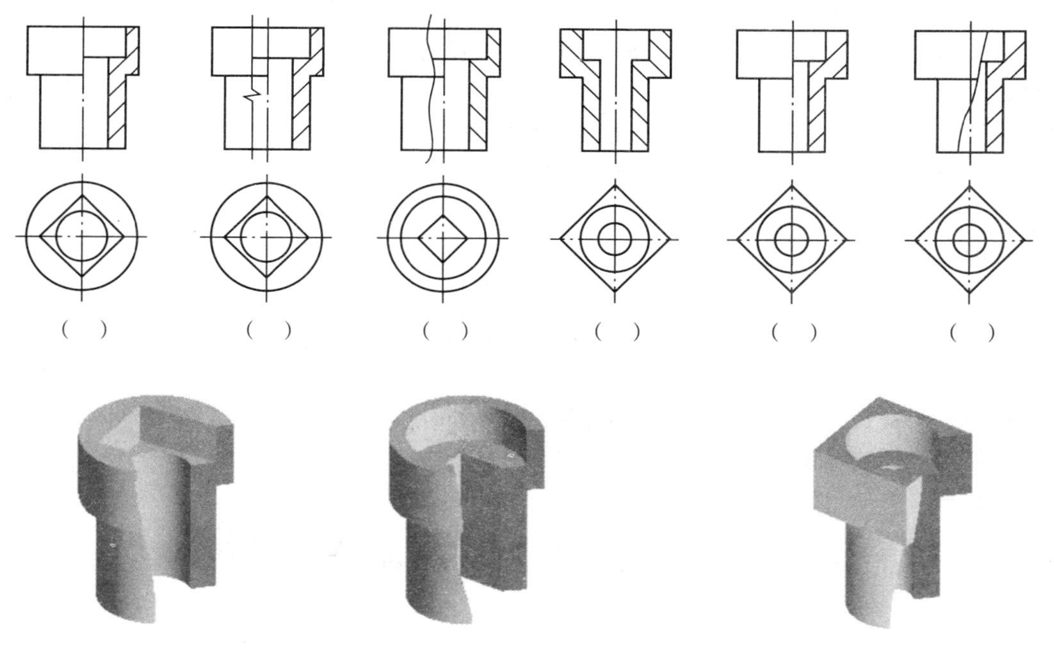

(8)指出下列局部剖视图中的错误,将正确的画在下边。

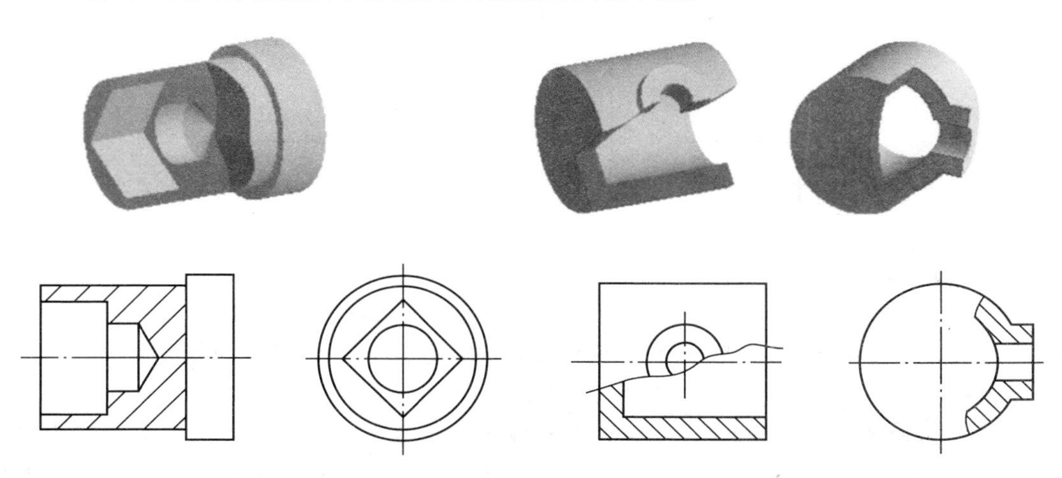

(9)螺纹的五要素是指哪5个?

(10)在螺纹的五要素中凡是________和________符合国家标准的螺纹称为标准螺纹。

(11)外螺纹的画法中规定:螺纹大径(牙顶)和螺纹终止线用________画出;小径用________画出。对一般的粗牙螺纹,通常小径按大径的________倍画出,即________。螺纹端部若有倒角,在投影的非圆视图中,小径的________应延至________。在投影的圆的视图中,小径的________圆只画约3/4圈,此时倒角圆省略不画。

(12)当外螺纹被局部剖切后,剖面线应画到________。

(13)内螺纹的画法中规定:螺纹________用粗实线画出;________用细实线画出。在投影的圆的视图中,大径用细实线圆且只画约________圆,倒角圆省略不画。

(14)加工不通螺纹时,首先要用钻头钻孔,因此在孔的底部会留有钻头端部的形状,如图所度和螺孔的深度分别画出,且钻孔深度比螺孔深度达________(*D* 为螺纹大径)。

(15)螺纹连接的规定画法中:其旋合部分应按________,其余部分仍按各自的画法画出。画图时要特别注意________(即大径与大径对齐,小径与小径对齐)。

(16)普通螺纹标记规定:

普通螺纹的标记格式及内容:

特征代号 公称直径×导程(*P* 螺距) 旋向－公差代号－旋合长度

标记示例:

M 20 × 2 LH － 5g 6g － S

普通螺纹

大径 d=20

螺距 P2(细牙)

左旋

中径公差代号

顶径公差代号

短旋合长度

螺纹标注时注意事项:

普通螺纹的单线螺纹尺寸代号为“公称直径×螺距”;多线螺纹代号为“公称直径×导程 *Ph*(螺距 *P*)”。有粗牙、细牙两种,粗牙螺纹螺距标注可省,细牙必须注出螺距。

螺纹有左旋和右旋两种,左旋用“LH”,右旋不标注。

公差代号由数字加字母表示(内螺纹用大写字母,外螺纹用小写字母),前者表示中径公差代号,后者表示顶径公差代号。若中径公差代号与顶径公差代号相同,则只注一个公差带代号。

螺纹旋合长度有长(用 L 表示)、中(用 N 表示)、短(用 S 表示)三种。一般中等旋合长度 N 不标注。

(17)热处理和硬度

① 什么是热处理?

② 热处理方法很多,但任何一种工艺都是由________、________和________三个阶段组成。

③ 什么是马氏体?它有哪些形态?性能如何?

④ 根据退火的目的和要求不同，退火可分为________、________、________、________、________、________等。

⑤ 指出下列硬度值表示方法上的错误。

HRC55—60

550N/mm2HBW

⑥ 什么是正火？阐述其目的和用途。

⑦ 钢的淬火工艺？阐述其目的。

⑧ 为什么钢进行淬火后要马上进行回火？回火的目的？回火的种类？

⑨ 什么是钢的表面热处理？其目的是什么？常用的有哪些方法？

(18)几何公差

几何公差的研究对象是构成零件几何特征的________、________、________，这些________、________、________统称要素。

形状公差是以________为研究对象，而位置公差则是研究____________________。

(19)几何公差的几何特征及符号。

① 几何公差的标注

② 几何公差是指图样中对要素的____________________的最大允许变动量。

③ 几何公差带包括公差带____________________ 4 个因素。

④ 属于位置公差的有(　　)

A. 平行度　　B. 倾斜度　　C. 平面度　　D. 端面全跳动

改错：

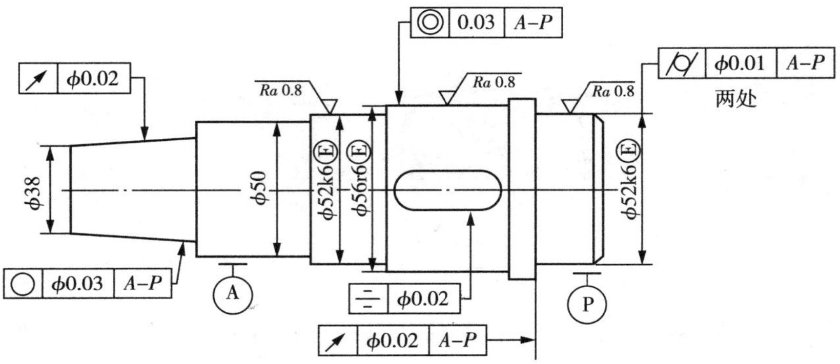

3.3 知识链接

3.3.1 螺纹的表达方式

1. 螺纹加工

外螺纹内螺纹的加工如图 3－1 所示。

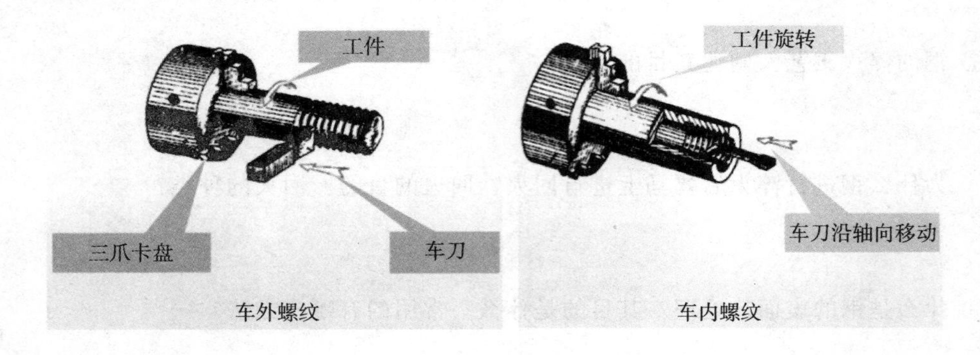

图 3－1 螺纹加工

2. 螺纹要素

(1)螺纹牙型：在通过螺纹轴线的剖面上，螺纹的轮廓形，常用的有三角形、梯形和锯齿形，如图 3－2 所示。

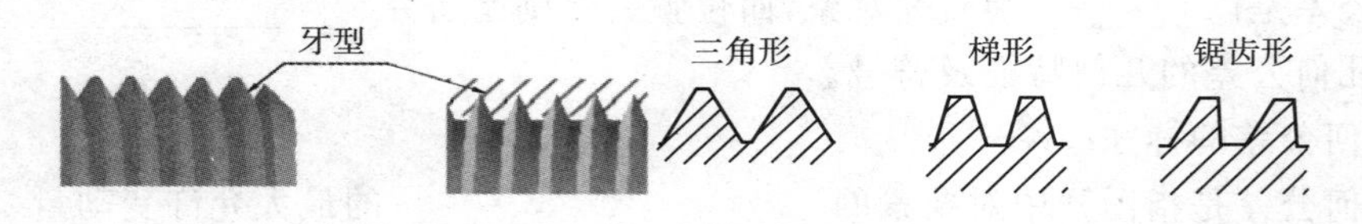

图 3－2 螺纹牙型

(2)螺纹的大径和小径，如图 3－3 所示。

大径：与外螺纹牙顶或内螺纹牙底相切的假想圆柱面的直径，D、d。

小径：与外螺纹牙底或内螺纹牙顶相切的假想圆柱面的直径，$D1$、$d1$。

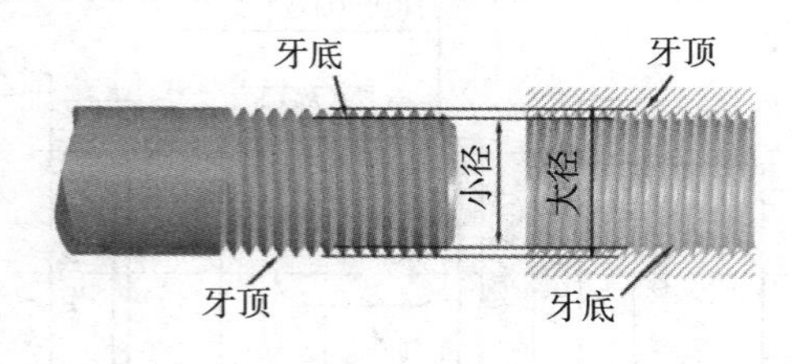

图 3－3 螺纹直径

螺纹中径：一个假想圆柱的直径。该圆柱的母线通过牙型上沟槽和凸起宽度相等的地方，如图 3-4 所示。

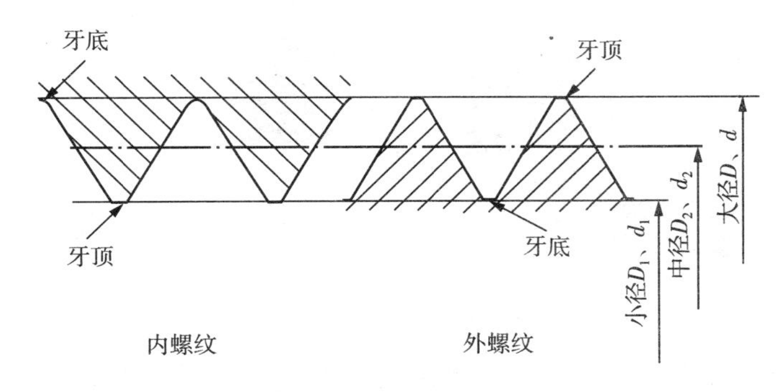

图 3-4　螺纹中径

(3)螺纹的线数 n

单线螺纹：沿一条螺旋线形成的螺纹，如图 3-5 所示。

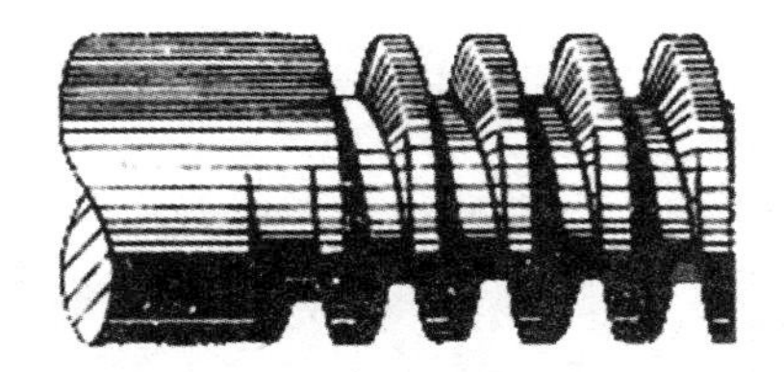

图 3-5　单线螺纹

多线螺纹：沿两条或两条以上在轴向等距分布的螺旋线所形成的螺纹，如图 3-6 所示。

图 3-6　双线螺纹

(4)螺距和导程

螺纹上相邻两牙在中径线上对应两点之间的轴向距离 P 称为螺距。同一条螺纹上相邻两牙在中径线上对应两点之间的轴向距离 L 称为导程，如图 3-7 所示。

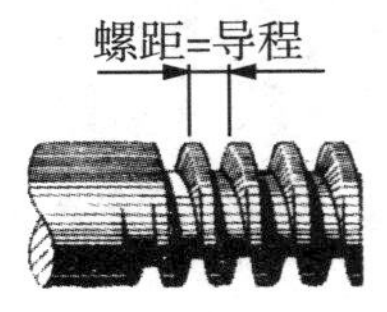

单线螺纹：$P=L$

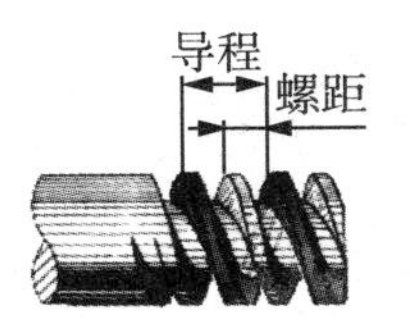

多线螺纹：$P=L/n$

图 3-7　螺距和导程

(5)螺纹的旋向

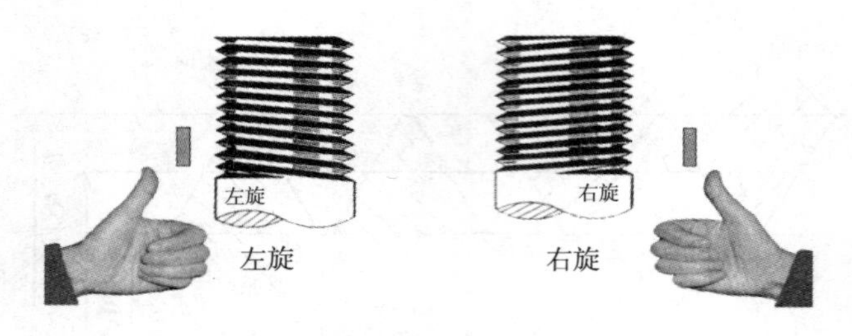

图 3-8　螺纹旋向

只有牙型、直径、螺距、线数和旋向均相同的内外螺纹,才能相互旋合。

3. 螺纹的结构

螺纹收尾和退刀槽

螺纹的末端:为了便于装配和防止螺纹起始圈损坏,常在螺纹的起始处加工成一定的形式,如倒角、倒圆等。如图 3-9 所示。

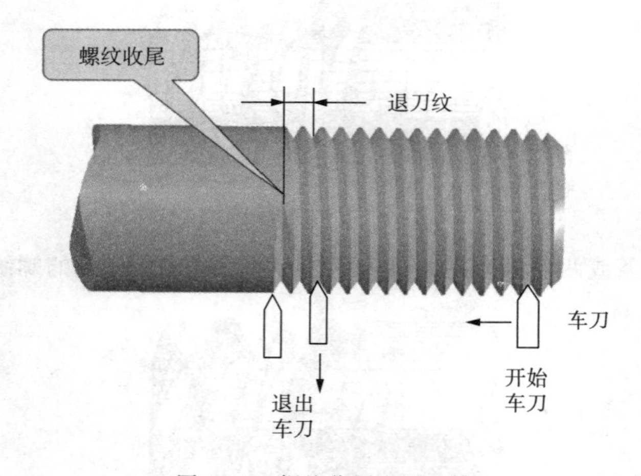

图 3-9　螺纹收尾和退刀槽

车削螺纹时,因加工的刀具要退刀或其他原因,螺纹的末尾部分产生不完整的牙型,称为螺尾。为了避免产生螺尾,可以在螺纹末尾处加工出一槽,称为退刀槽,如图 3-10 所示。然后再车削螺纹。

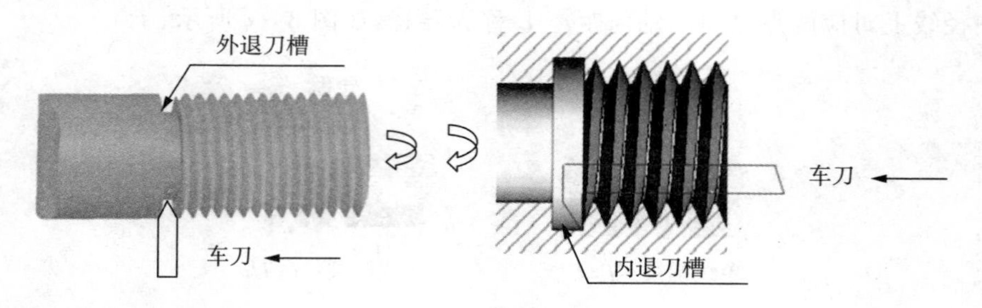

图 3-10　螺纹退刀槽

4. 螺纹种类

螺纹根据其用途可分为连接螺纹、传动螺纹和特种螺纹 3 大类。

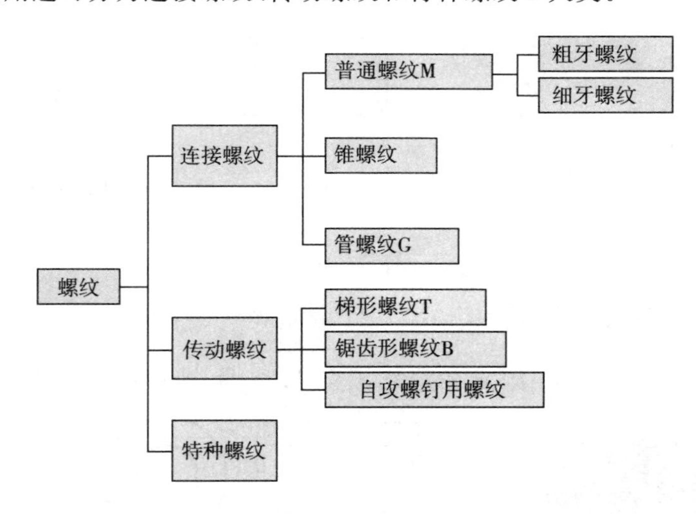

表 3-1　常用的几种螺纹的特征代号及用途

<table>
<tr><th colspan="3">螺纹种类</th><th>特征代号</th><th>外形图</th><th>用　途</th></tr>
<tr><td rowspan="3">联接螺纹</td><td>粗牙</td><td rowspan="2">普通螺纹</td><td rowspan="2">M</td><td rowspan="2"></td><td>是最常用的联接螺纹</td></tr>
<tr><td>细牙</td><td>用于细小的精密或薄壁零件</td></tr>
<tr><td colspan="2">管螺纹</td><td>G</td><td></td><td>用于水管、油管、气管等薄壁管子上，用于管路的联接</td></tr>
<tr><td rowspan="2">传动螺纹</td><td colspan="2">梯形螺纹</td><td>Tr</td><td></td><td>用于各种机床的丝杠，作传动用</td></tr>
<tr><td colspan="2">锯齿形螺纹</td><td>B</td><td></td><td>只能传递单方向的动力</td></tr>
</table>

螺纹的规定画法：

① 牙顶用粗实线表示（外螺纹的大径线，内螺纹的小径线）。

② 牙底用细实线表示（外螺纹的小径线，内螺纹的大径线）。

③ 在投影为圆的视图上，表示牙底的细实线圆只画约 3/4 圈。

④ 螺纹终止线用粗实线表示。

⑤ 不管是内螺纹还是外螺纹，其剖视图或断面图上的剖面线都必须画到粗实线。

⑥ 当需要表示螺纹收尾时，螺尾部分的牙底线与轴线成 30°。

(1)外螺纹画法,如图 3-11 所示。

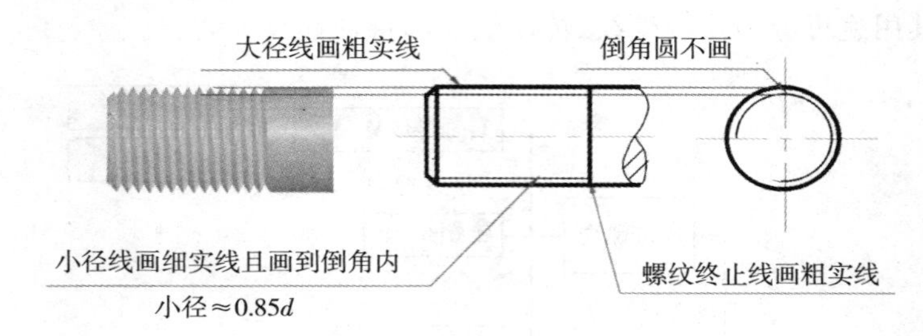

图 3-11　外螺纹画法

(2)内螺纹画法,如图 3-12 所示。

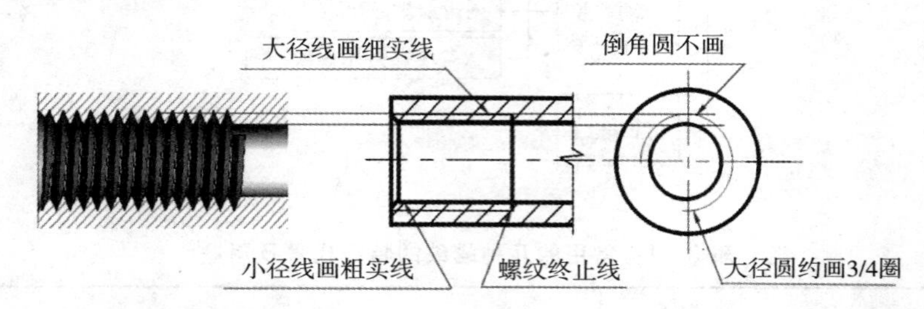

图 3-12　内螺纹画法

(3)不穿通螺纹孔的画法,如图 3-13 所示。

(4)螺纹局部结构的画法与标注。

倒角,如图 3-14 所示。退刀槽,如图 3-15 所示。螺纹收尾,如图 3-16 所示。

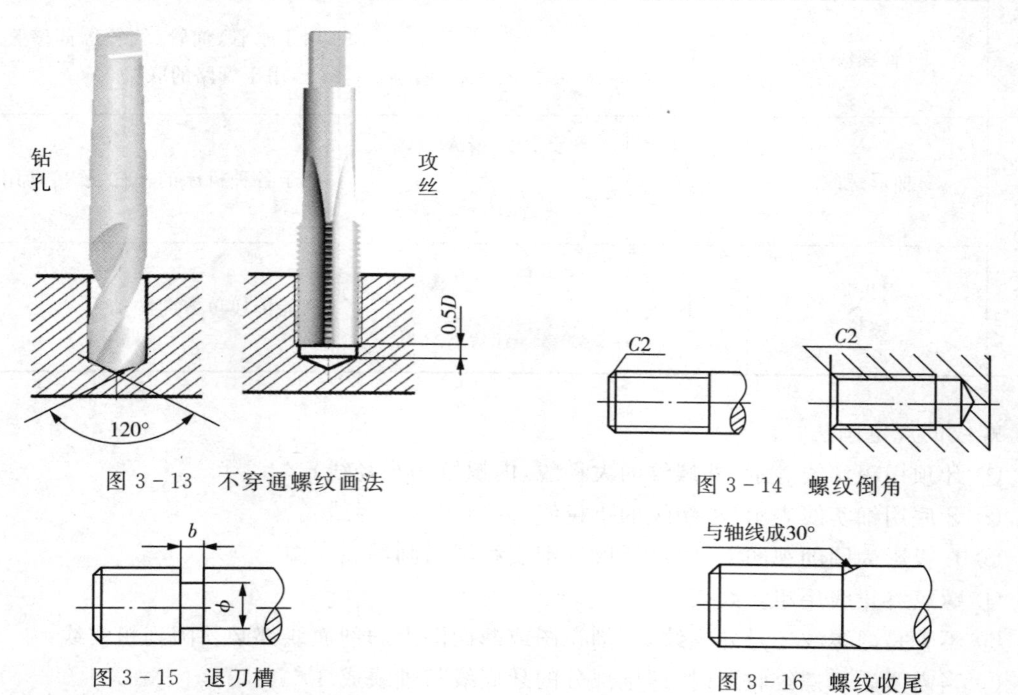

图 3-13　不穿通螺纹画法

图 3-14　螺纹倒角

图 3-15　退刀槽

图 3-16　螺纹收尾

(5)螺纹牙型的表示方法,如图 3－17 所示。

(1) 重合画法

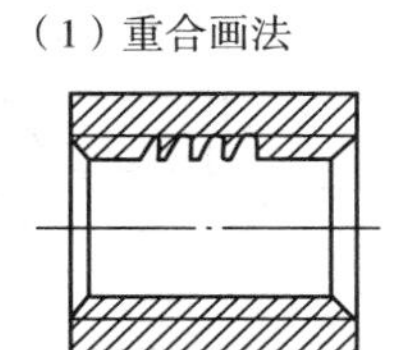

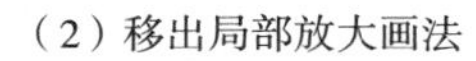

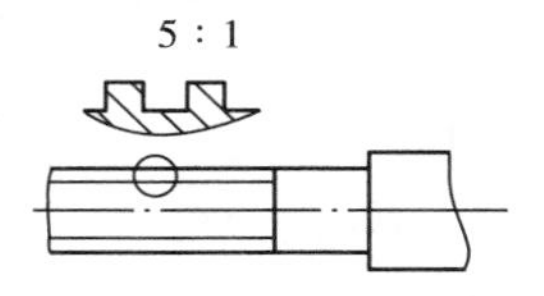

(3) 局部剖视

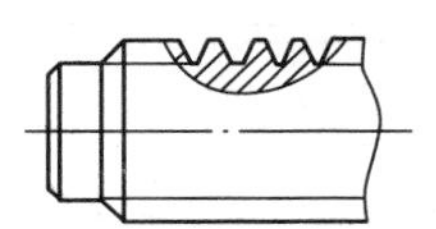

图 3－17　螺纹牙型的画法

(6)螺纹旋合的画法,如图 3－18 所示。

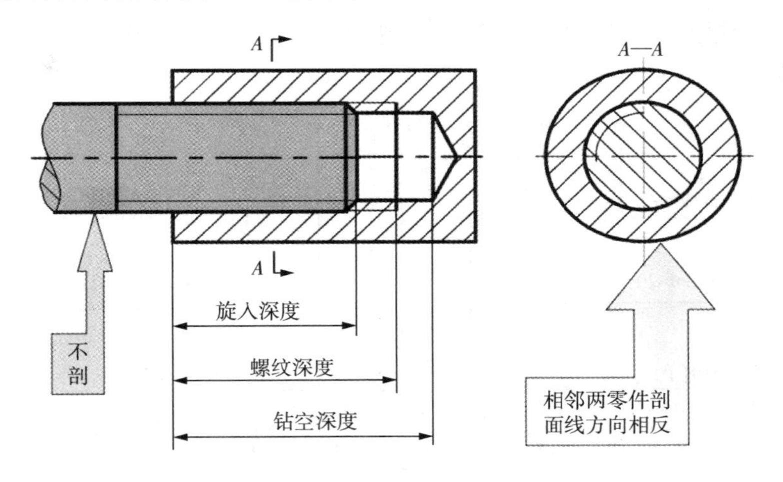

图 3－18　螺纹旋合画法

螺纹旋合画图要点:外螺纹与内螺纹大径线和大径线对齐;小径线和小径线对齐。旋合部分按外螺纹画;其余部分按各自的规定画,如图 3－19 所示。

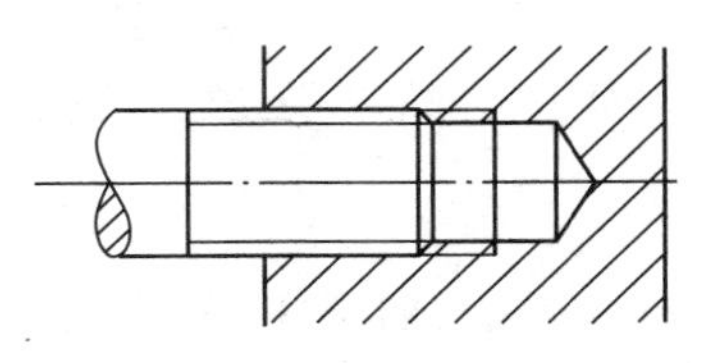

图 3－19　螺纹旋合

螺纹旋合的画图步骤:

① 先画外螺纹,如图 3－20 所示。

② 确定内螺纹端面位置,如图 3－21 所示。

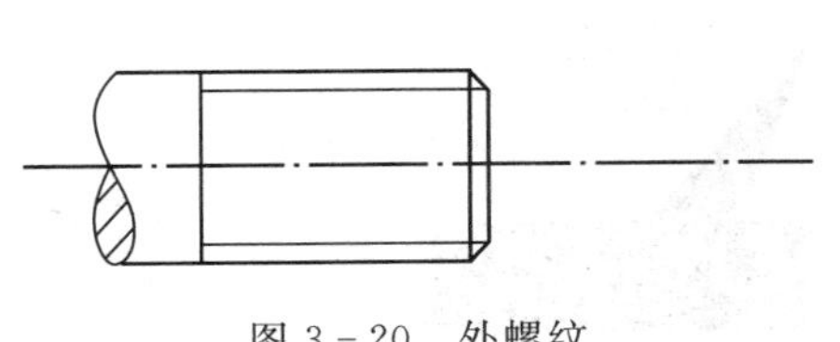

图 3－20　外螺纹

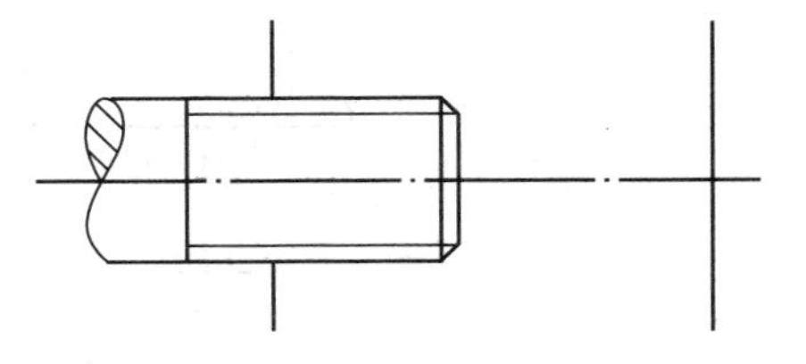

图 3－21　外螺纹端面位置

③ 画内螺纹及其余部分,如图 3－22 所示。

④ 画剖面线(注意剖面线要画到粗实线),如图 3－23 所示。

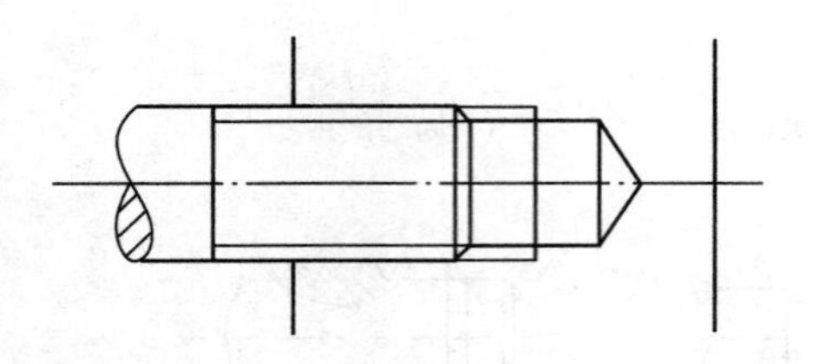

图 3-22 外螺纹其余部分

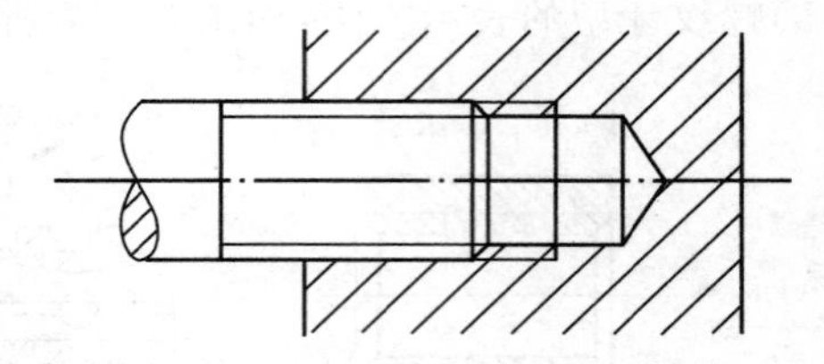

图 3-23 画剖面线

(7)普通螺纹标记规定

普通螺纹的标记格式及内容,如图 3-24 所示。

特征代号 公称直径×导程(*P* 螺距) 旋向-公差代号-旋合长度

标记示例:

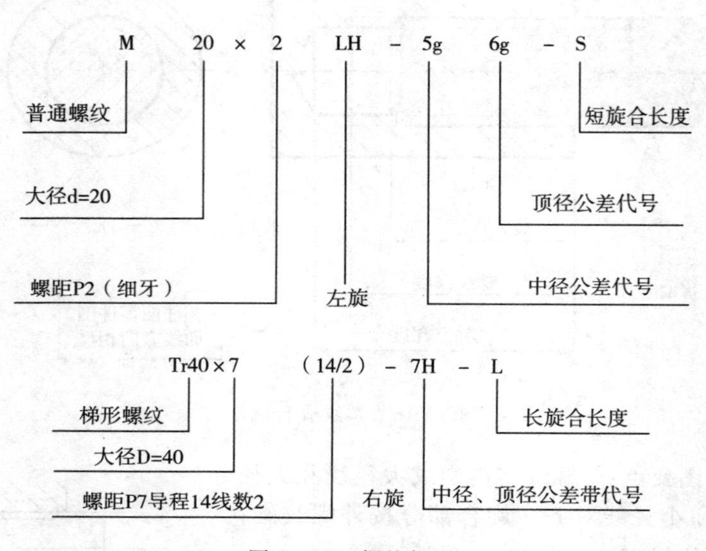

图 3-24 螺纹标记

标注方法,如图 3-25 所示。

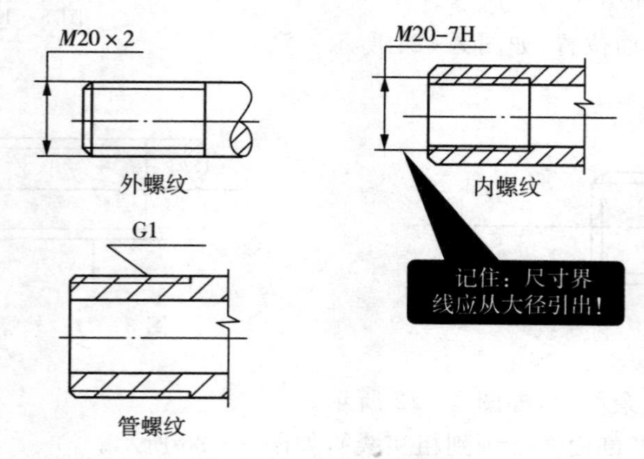

图 3-25 螺纹标注方法

5. 常用螺纹连接

螺纹连接:就是运用一对内、外螺纹的连接作用来连接紧固一些零部件,如图 3-26 所示。

图 3-26　常用螺纹连接件

(1)六角螺母简化画法和规定标记,如图 3-27 所示。

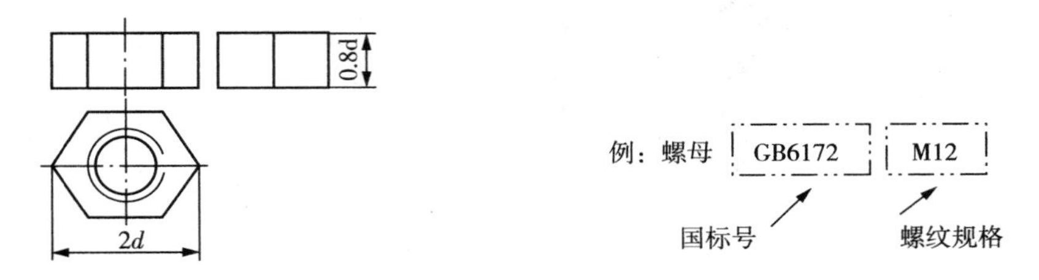

图 3-27　六角螺母画法和标记

(2)六角头螺栓简化画法和规定标记,如图 3-28 所示。

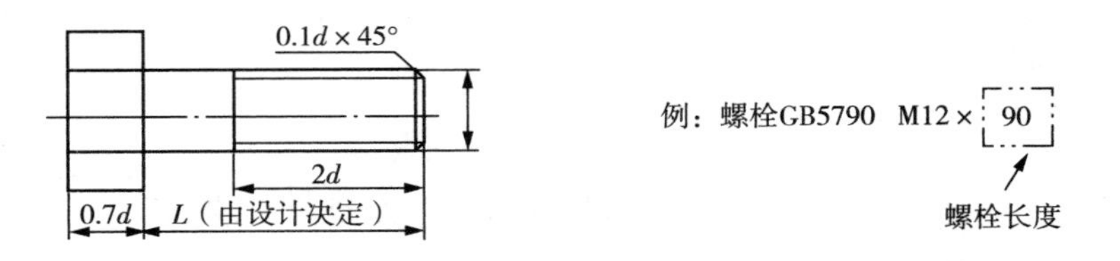

图 3-28　六角头螺栓画法和标记

(3)垫圈简化画法和规定标记,如图 3-29 所示。

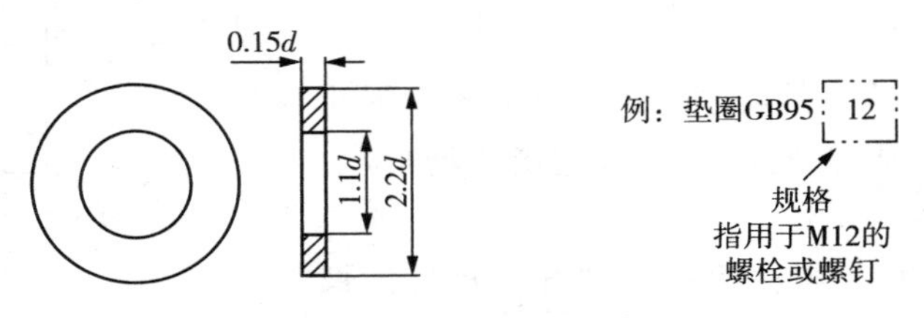

图 3-29　垫圈的画法和标记

(4)螺钉简化画法和规定标记,如图 3－30 所示。

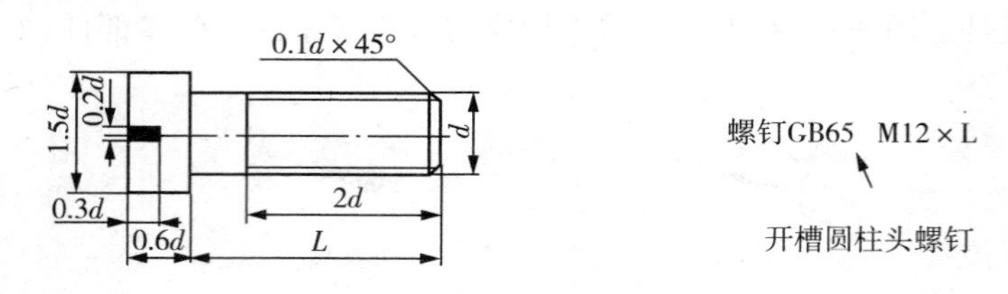

图 3－30 螺钉画法和标记

6. 螺栓连接

用螺栓、螺母和垫圈将两个不太厚而且又允许钻成通孔的零件连接在一起。

装配过程(如图 3－31 所示):

螺栓穿过被连接件的通孔。(为便于装配,此通孔应稍大于螺栓杆的直径 d,约为 1.1d。)

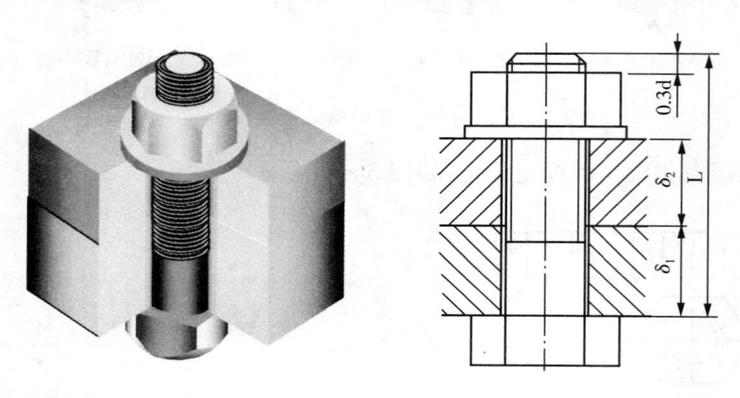

图 3－31 螺纹连接简化画法

在制有螺纹的一端装上垫圈,拧上螺母。(加垫圈的目的是为了避免拧紧螺母时损坏被连接件的表面。)被连接件的孔径＝1.1d。两块板的剖面线方向相反。两被连接件接触面形成一条轮廓线。螺栓、垫圈、螺母按不剖画。螺栓的螺纹大径和被连接件光孔之间有两条轮廓线,零件接触面轮廓线在此之间应画出。

螺栓的有效长度按下式计算:

$$L=\delta 1+\delta 2+0.15d(\text{垫圈厚})+0.8d(\text{螺母})+0.3d$$

计算后查表取标准值。

7. 双头螺柱连接

用双头螺柱与螺母、垫圈配合使用,将两个零件连接在一起,如图 3－32 所示。

当两个连接件中有一个零件较厚,加工通孔困难时,或者由于其他原因,不便使用螺栓连接的场合,一般用螺柱连接。

装配过程:先将双头螺柱的旋入端拧入机件的螺纹孔中,然后将双头螺柱的另一端(紧固端)穿过被连

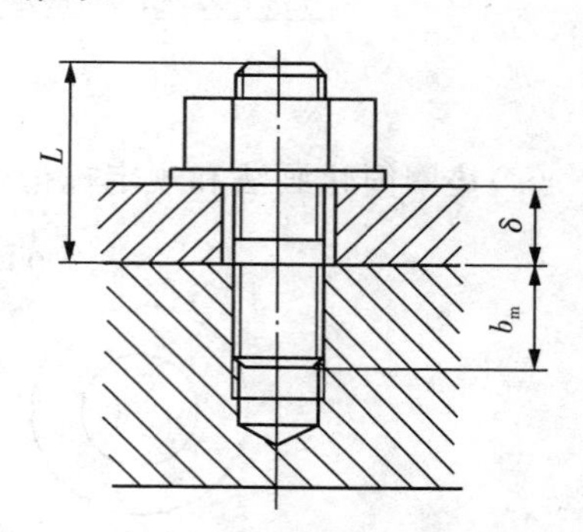

图 3－32 双头螺柱连接的简化画法

接件上的通孔(孔径=1.1d),再套上垫圈,并拧紧螺母。

注意:

(1)螺柱的旋入端必须全部地旋入螺孔内。

(2)旋入端的螺纹终止线应与两个被连接零件的接触面平齐。

(3)螺纹孔的深度应大于旋入端长度,螺孔深一般是 bm+(0.3−0.5)d。

(4)L 是紧固端长度,bm 是旋入深度。bm 同螺钉连接,由被连接件的材料决定。

$$L=\delta+0.15d+0.8d+0.3d$$

螺柱连接错误画法,如图 3-33 所示:

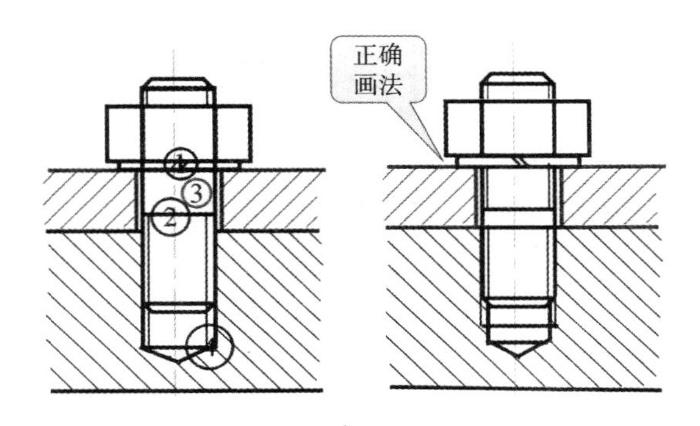

图 3-33　螺柱连接错误画法与正确画法

弹簧垫圈开口方向应向左斜;

螺栓旋入端螺纹终止线与两被连接件接触面轮廓线平齐表示已拧紧;紧固端螺纹终止线不应漏画;

螺纹孔底部的画法应符合加工实际。

8. 螺钉连接

螺钉的种类很多,按其用途可分为:连接螺钉和紧定螺钉。适用场合:螺钉连接用于不经常拆卸,并且受力不大的零件。常见的连接螺钉,如图 3-34 所示。

开槽圆柱头螺钉

开槽沉头螺钉

圆柱头内六角螺钉

图 3-35　常见螺钉

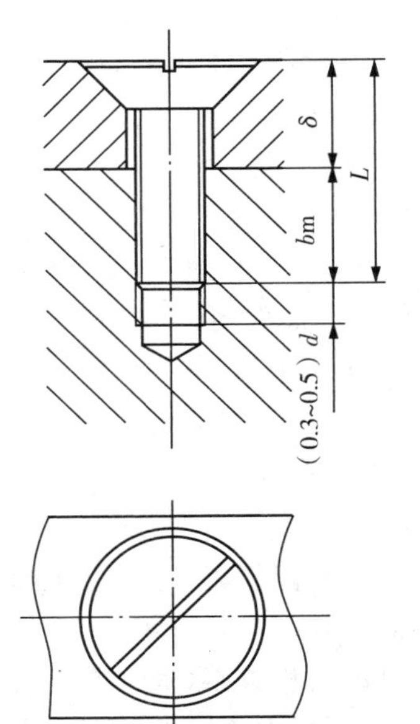

图 3-34　螺钉连接简化画法

螺钉连接装配特点:

(1)不用螺母,一般也不用垫圈,而是把螺钉直接拧入被连接件。

(2)螺钉自上而下穿过上部零件(其孔径=1.1d),与下部零件螺纹孔相旋合。

(3)螺钉的旋入长度 bm 由被旋入件的材料决定:

钢:　bm=d

铸铁： $bm=1.25d$ 或 $1.5d$

铝： $bm=2d$

(4)螺钉口的槽口在主视图被放正绘制；在俯视图规定画成与水平线成45度，不和主视图保持投影关系。当槽口的宽度小于2mm时，槽口投影可涂黑。

(5)若有螺纹终止线，则其应高于两被连接件接触面轮廓线。

9. 紧定螺钉

用途：主要用于防止两个零件的相对运动。例如用锥端紧定螺钉限制轮和轴的相对位置，使它们不能产生相对运动。

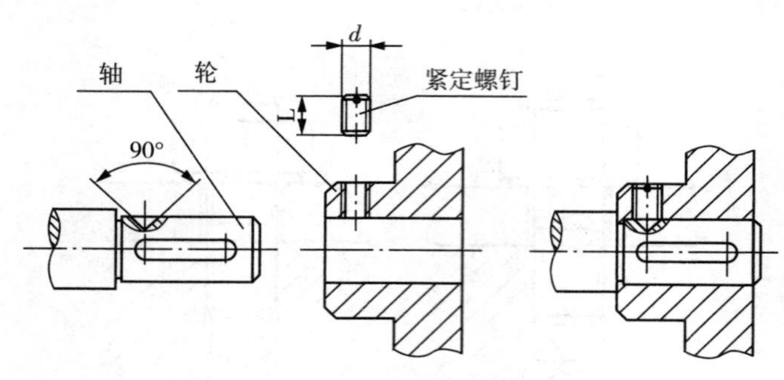

图 3-36 紧定螺钉连接

3.3.2 几何公差

一、几何公差

几何公差的研究对象是构成零件几何特征的点、线、面，这些点、线、面统称要素，如图3-37所示。形状公差是以要素本身的形状为研究对象，而位置公差则是研究要素之间某种确定的方向或位置关系，见表3-3。

几何要素可从不同角度进行分类见表3-2。

按结构特征分为：组成要素、导出要素。

为与相关标准的术语取得一致，新标准将旧标准"中心要素"改为"导出要素"；"轮廓要素"改为"组成要素"；"测得要素"改为"提取要素"等。

按存在状态分为：实际要素、公称要素。

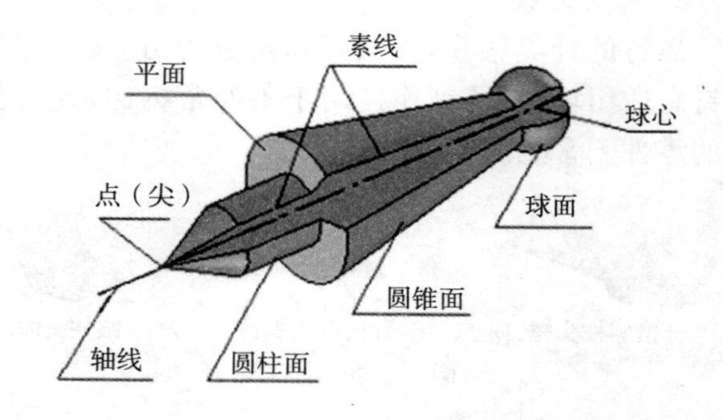

图 3-37 零件的几何要素

(1)实际要素：零件上实际存在的要素。标准规定：测量时用提取要素(测得要素)代替实际要素。

(2)公称要素(理论要素)：具有几何学意义的要素，即几何的点、线、面，它们不存在任何误差。图样上表示的要素均为公称要素。

按所处地位分为：被测要素、基准要素。

(1)被测要素:图样上给出了形位公差要求的要素。是被检测的对象。

(2)基准要素:零件上用来确定被测要素的方向或位置的要素,基准要素在图样上都标有基准符号或基准代号。

按功能关系分为:单一要素、关联要素。

(1)单一要素:仅对被测要素本身给出形状公差的要素(如直线度等)。

(2)关联要素:与零件基准要素有功能要求的要素。(即相对于基准要素有功能要求而给出位置公差的要素,如垂直度等)。

四种要素之间的关系为:

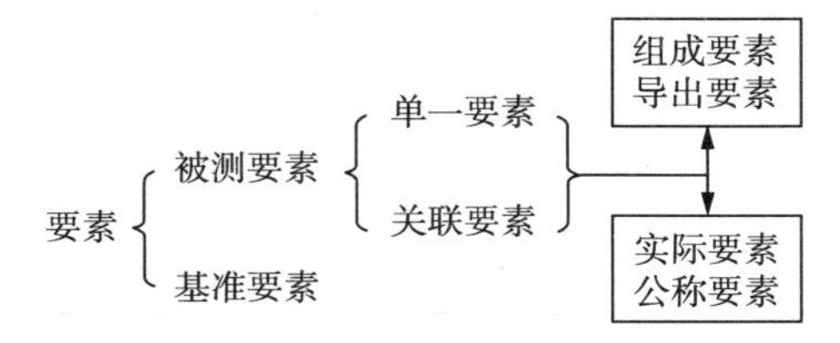

表 3-2　公差类型

要素层次	要素类型	要素形式	线型	
			可见的	不可见的
公称要素 (理想要素)	组成(实体)要素	点 线 表面/平面	粗实线	细虚线
	导出要素	点 线/轴线 面/平面	细长点划线	细点划线
实际要素	组成要素	表面	粗不规则实线	细不规则虚线
提取要素	轮廓表面	点 线 表面	粗短虚线	细短虚线
导出要素	导出要素	点 线 面	粗点	细点
拟合要素	组成要素	点 直线 表面/平面	粗双虚双点线	细双虚双点线
	导出要素	点 直线 平面	粗长双点划线	细双点划线
	基准	点 直线 表面/平面	粗长划双短划线	细长划双短划线

（续表）

要素层次	要素类型	要素形式	线型	
			可见的	不可见的
公差带界限， 各公差平面		线 面	细实线	细虚线
截面，说明用的 平面，图示平面， 辅助平面		线 面	细长短虚线	细短虚线
延长线、尺寸线、 指引线		线	细实线	细虚线

表 3-3　几何公差的附加符号

公　差		几何特征	符　号	有无基准
形状	形状	直线度	—	无
		平面度	⏥	无
		圆度	○	无
		圆柱度	⌭	无
形状或位置	轮廓	线轮廓度	⌒	有或无
		面轮廓度	⌓	有或无
位置	定向	平行度	//	有
		垂直度	⊥	有
		倾斜度	∠	有
	定位	位置度	⌖	有或无
		同轴（同心）度	◎	有
		对称度	⌯	有
	跳动	圆跳动	↗	有
		全跳动	⌰	有

（续表）

说　明	符　号	说　明	符　号
被测要素		基准要素	A　A
基础目标	φ2 A1	全周（轮廓）	
理论正确尺寸	50	延伸公差带	Ⓟ
最大实体要求	Ⓜ	最小实体要求	Ⓛ
自由状态条件（非刚性零件）	Ⓕ	包容要求	Ⓔ
公共公差带	CZ	任意横截面	ACS
不凸起	NC		

注：1. GB/T 1182—1996 中规定的基准符号为 Ⓐ；

2. 如需标注可逆要求，可采用符号Ⓡ，见 GB/T 16671。

各类几何公差之间的关系如下：

如果功能需要，可以规定一种或多种几何特征的公差以限定要素的几何误差。限定要素某种类型几何误差的几何公差，亦能限制该要素其他类型的几何误差。

要素的位置公差可同时控制该要素的位置误差、方向误差和形状误差。

要素的方向公差可同时控制该要素的方向误差和形状误差。

要素的形状公差只能控制该要素的形状误差。

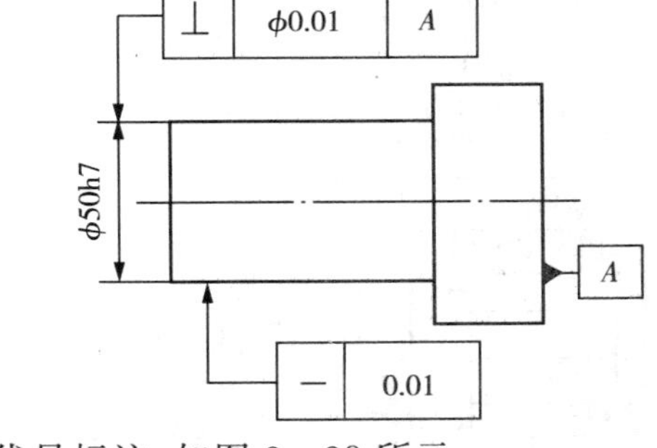

二、几何公差的标注方法

几何公差是针对零件加工所提出的要求，应表达简洁、要求明确。在图样上标注时，尽量采用代号标注，如图 3－38 所示。

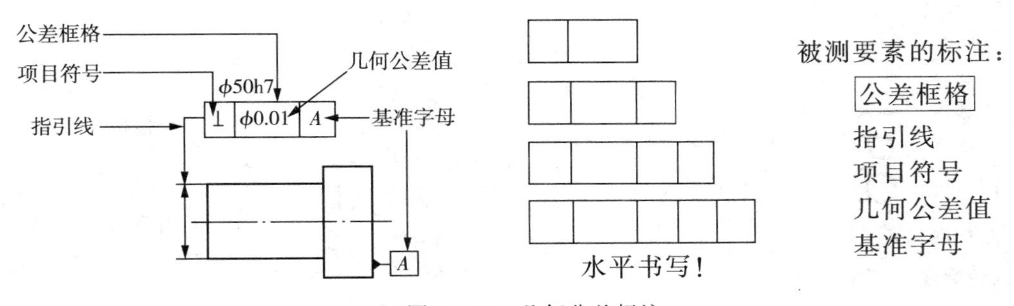

图 3－38　几何公差标注

不同类型几何公差标注方法见表 3 - 4。

表 3 - 4　不同类型几何公差的标注方法

类　型	被测要素的标注	类　型	被测要素的标注
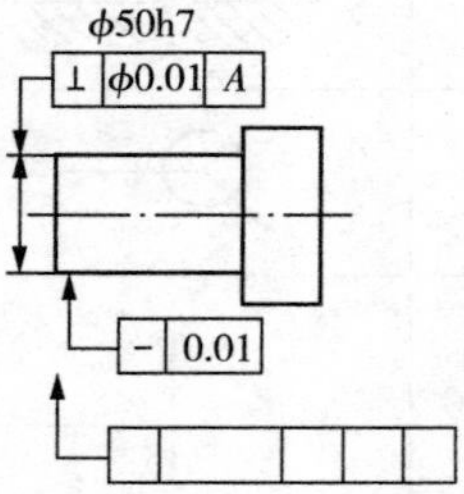	公差框格 指引线 项目符号 几何公差值 基准字母	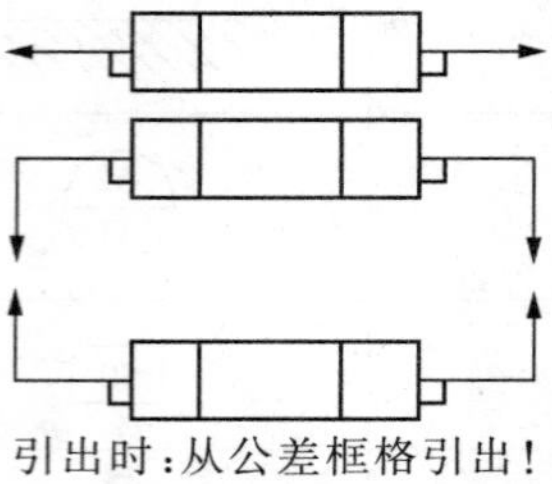 引出时：从公差框格引出！ 只能引出一条指引线！	公差框格 指引线 项目符号 几何公差值 基准字母
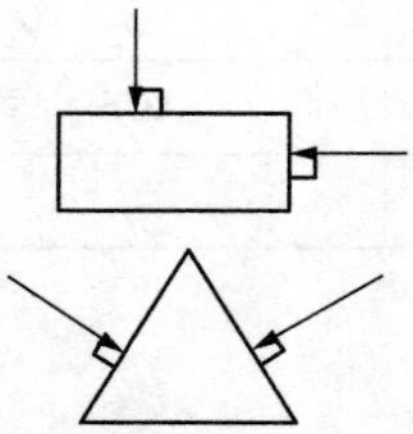 指向被测要素时： 垂直被测要素！	公差框格 指引线 项目符号 几何公差值 基准字母	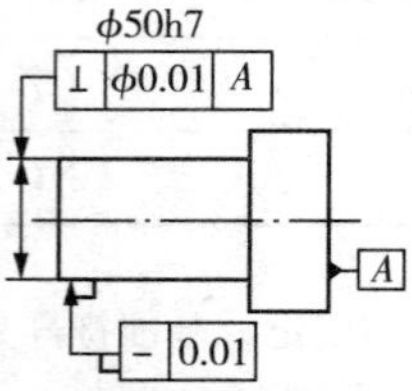 指向被测要素时： 垂直被测要素！	公差框格 指引线 项目符号 几何公差值 基准字母
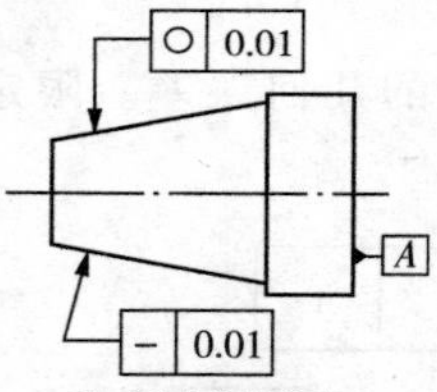 垂直被测要素！ 圆锥圆度例外！	公差框格 指引线 项目符号 几何公差值 基准字母	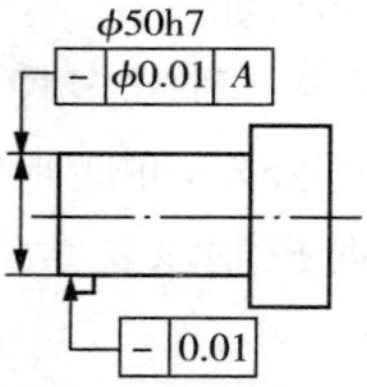 导出要素时对齐！ 组成要素时错开！	公差框格 指引线 项目符号 几何公差值 基准字母
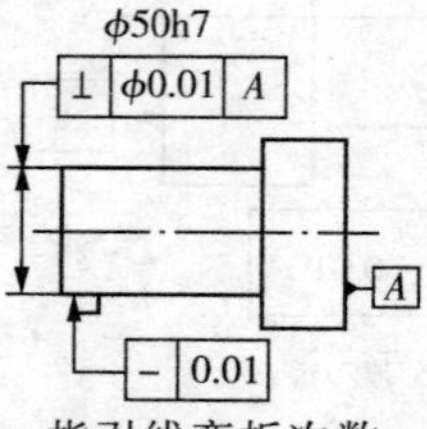 指引线弯折次数 不能超过 2 次！	公差框格 指引线 项目符号 几何公差值 基准字母	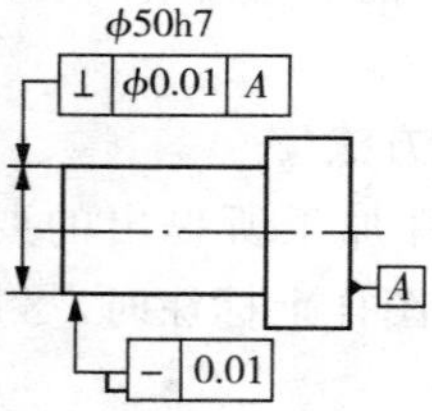	公差框格 指引线 项目符号 几何公差值 基准字母
形状公差 直线度 平面度 圆　度 圆柱度 线轮廓度 面轮廓度	公差框格 指引线 项目符号 几何公差值 基准字母	方向公差 （定向公差） 平行度 垂直度 倾斜度 线轮廓度 面轮廓度	公差框格 指引线 项目符号 几何公差值 基准字母

（续表）

类　型	被测要素的标注	类　型	被测要素的标注
位置公差 （定位公差） 同轴度 ◎ 对称度 ⌯ 位置度 ⌖ 线轮廓度 ⌒ 面轮廓度 ⌓	公差框格 指引线 项目符号 几何公差值 基准字母	跳动公差 （位置公差） 圆跳动 ↗ 全跳动 ⌰	公差框格 指引线 项目符号 几何公差值 基准字母

对于由两个同类要素构成而作为一个基准使用的公共基准，分别标注基准符号，标在一个格中，用短横线隔开。如图 3－39 所示。

基准代号的组成，如图 3－40 所示：

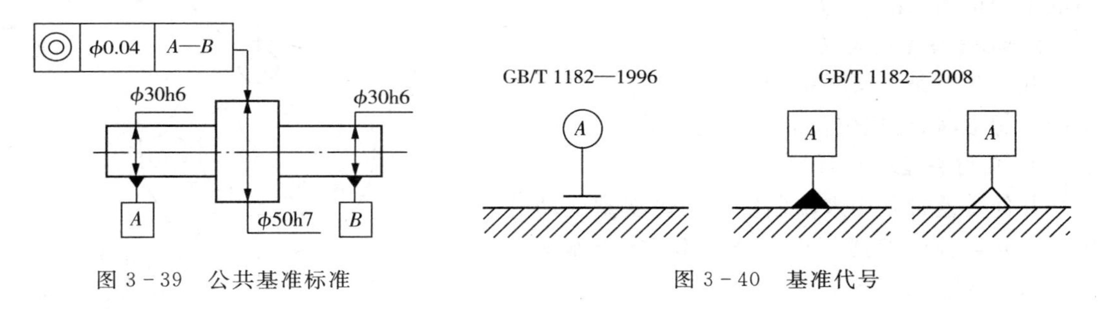

图 3－39　公共基准标准　　　图 3－40　基准代号

基准要素的标注；以基准字母大写、水平书写。基准要素为导出要素时，基准代号的连线与基准要素的尺寸线对齐。否则，明显错开，如图 3－41 所示。

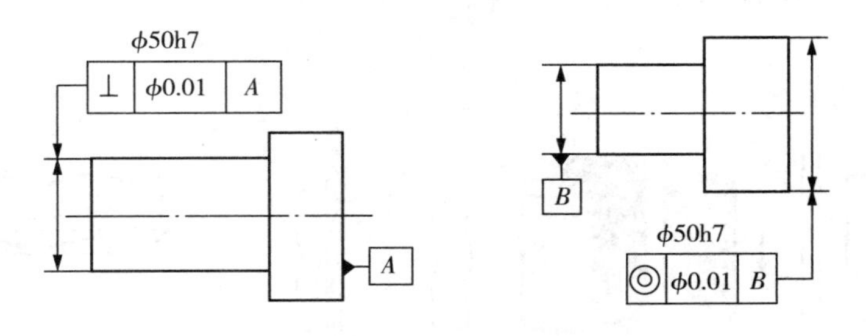

图 3－41　基准要素标注

1. 几何公差的简化标注

为了减少图样上公差框格或指引线的数量，简化绘图，在保证读图方便和不引起误解的前提下，可以简化几何公差的标注。

（1）同一被测要素有多项几何公差要求时，可将这些公差框格重叠绘出，只用一条指引线引向被测要素，如图 3－42 所示。

（2）不同要素有同一几何公差要求且公差值相同时，可用一个公差框格表示。由该框格的一端引出一条指引线，在这条指引线上分出多条带箭头的连线分别引向不同的被测要素，如图 3－43 所示。

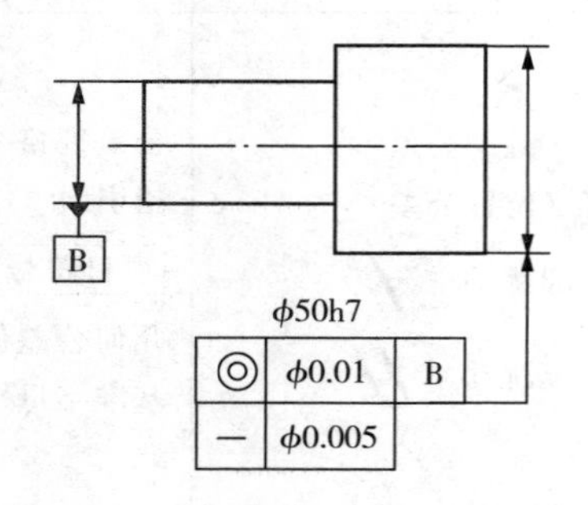

图 3－42　同一要素多项几何公差的标注

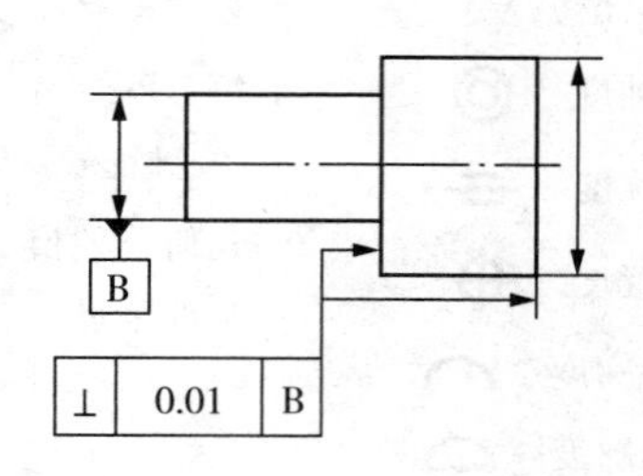

图 3－43　不同要素同一几何公差的标注

(3)结构相同的要素有同一几何公差要求且公差值相同时，可用一个公差框格表示。在该框格的上面标明“几处”，如图 3－44 所示。

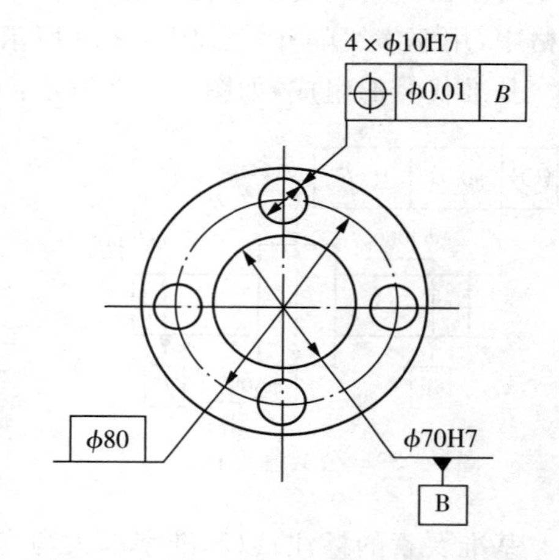

图 3－44　同一要素同一几何公差的标注

2. 几何公差的定义

几何公差是指实际被测要素相对于图样上给定的理想形状、理想位置的允许变动量。

3. 几何公差带的特性

几何公差带是用来限制实际被测要素变动的区域。几何公差带具有形状、大小和方位等特性。

(1)直线度

① 在给定平面内对直线提出要求的公差带：距离为公差值 t 的一对平行直线之间的区域，只要被测直线不超出该区域即为合格，如图 3－45 所示。

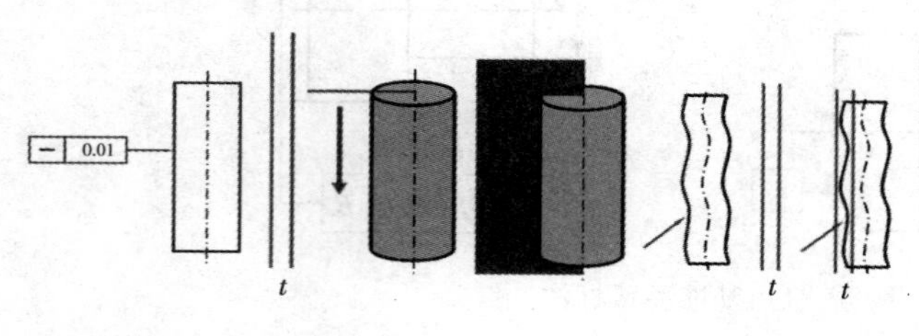

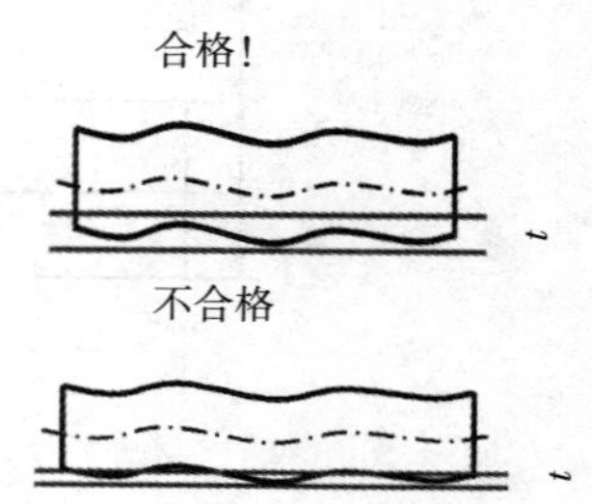

图 3－45　直线度

说明：

实际直线在公差带内即为合格，被测要素与基准无关，公差带可以随被测要素浮动。

直线度测量：常用的方法有光隙法(透光法)、打表法、水平仪法、闭合测量法等。

② 在给定方向上对实际直线提出要求的公差带：是一对距离为公差值 t 的平行平面之

间的区域，该一对平行平面与测量方向垂直，如图 3－46 所示。

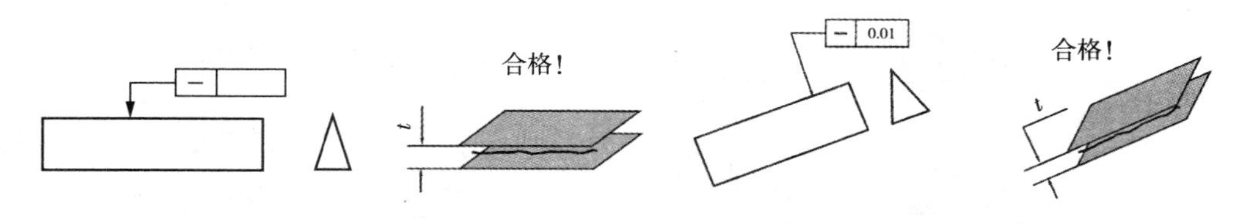

图 3－46 给定方向上直线度

说明：实际直线在公差带内即为合格，被测要素与基准无关，公差带可以随被测要素浮动。

③ 在相互垂直的两个方向上对实际直线提出要求，即在这两个方向分别标注公差框格，公差带是一个 $t_1 \times t_2$ 的四棱柱面围成的区域，只要被测直线不超出该区域即为合格，如图 3－47 所示。

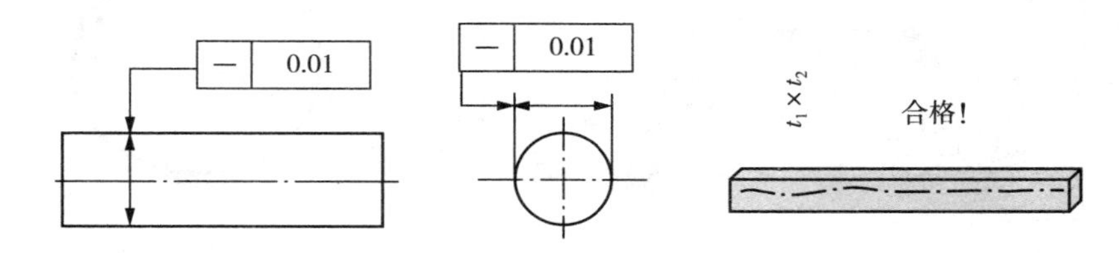

图 3－47 相互垂直方向上直线度

④ 在任意方向上对实际直线提出要求，公差带是一个直径为公差值 t 的圆柱面内的区域，只要被测直线不超出该区域即为合格，如图 3－48 所示。

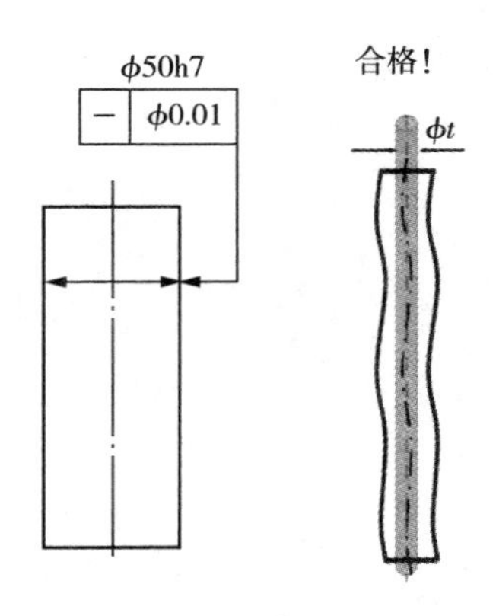

图 3－48 任意方向上直线度

(2)面度

公差带是距离为公差值 t 的两平行平面之间的区域，只要被测平面不超出该区域即为合格，如图 3－49 所示。被测要素与基准无关，公差带可以随被测要素浮动。

(3)平面度的测量

主要有间隙法、打表法、光轴法和干涉法。

(4)圆度

公差带是在同一正截面上，半径差为公差值 t 的两同心圆之间的区域，如图 3－50 所示。

被测圆柱面任一正截面上的圆周位于半径差为公差值 t 的两同心圆之间即为合格。此时，可以认为被测圆周圆度误差值(圆度误差带的半径差) f 小于等于公差值 t。

圆度误差值 f 由包容区确定，包容区的尺寸不同，得到的圆度误差值 f 也不同，如图 3－51 所示。

(5)圆柱度

公差带是半径差为公差值 t 的两同轴圆柱面之间的区域，如图 3－52 所示。

(6)平行度

公差带是距离为公差值 t 且平行于基准平面的两平行平面之间的区域，如图 3－53 所示。

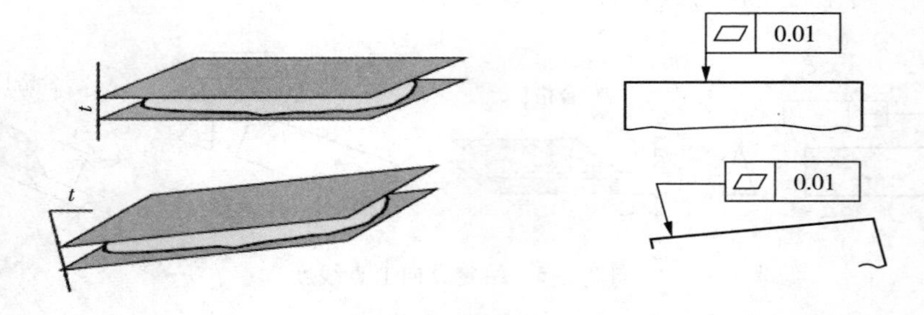

图 3－49　平面度

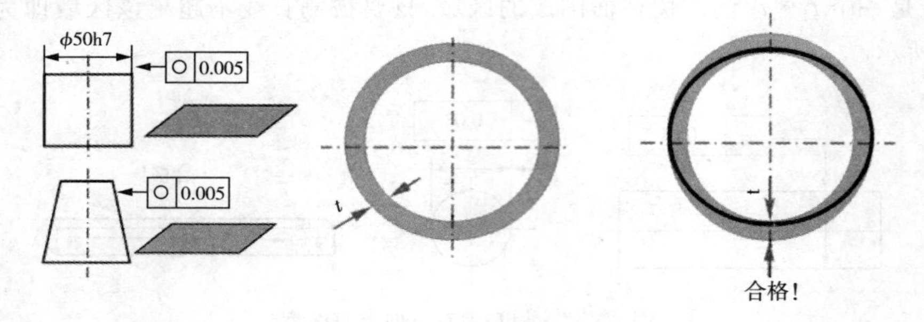

图 3－50　圆度

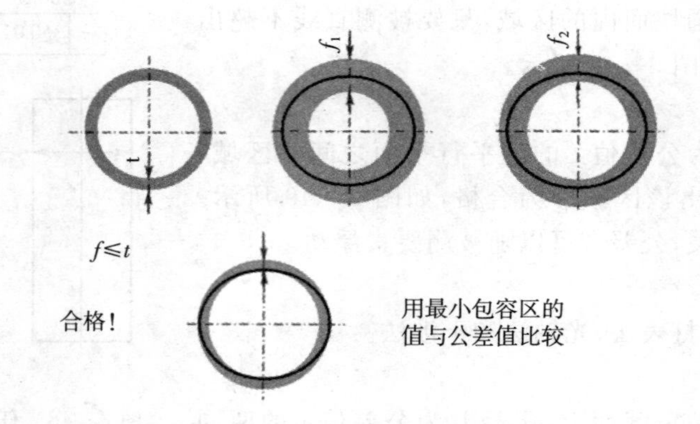

图 3－51　最小包容区的值与公差值比较

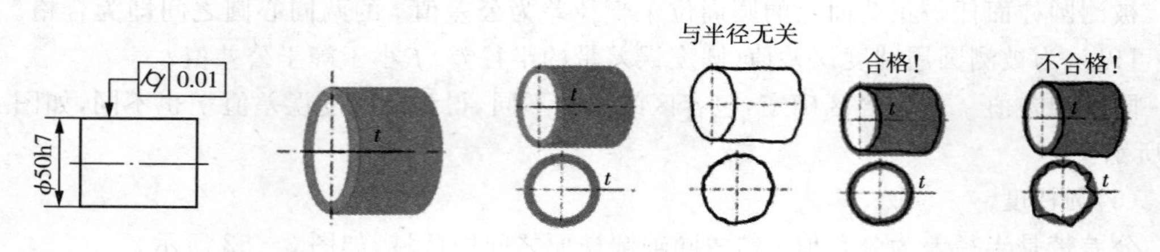

图 3－52　圆柱度

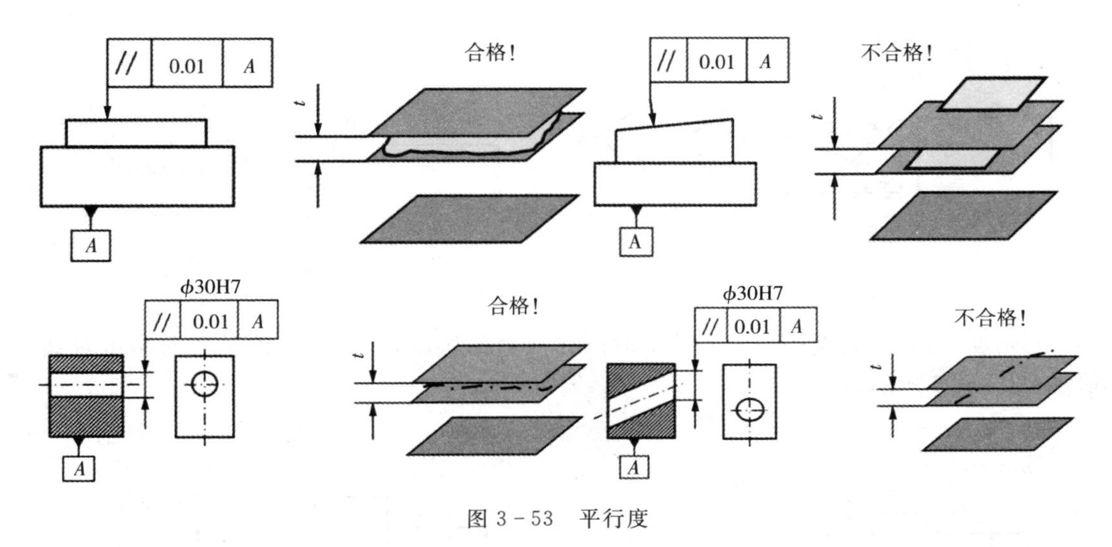

图 3-53　平行度

(7)垂直度

公差带是距离为公差值 t 且垂直于基准平面的两平行平面之间的区域,如图 3-54 所示。

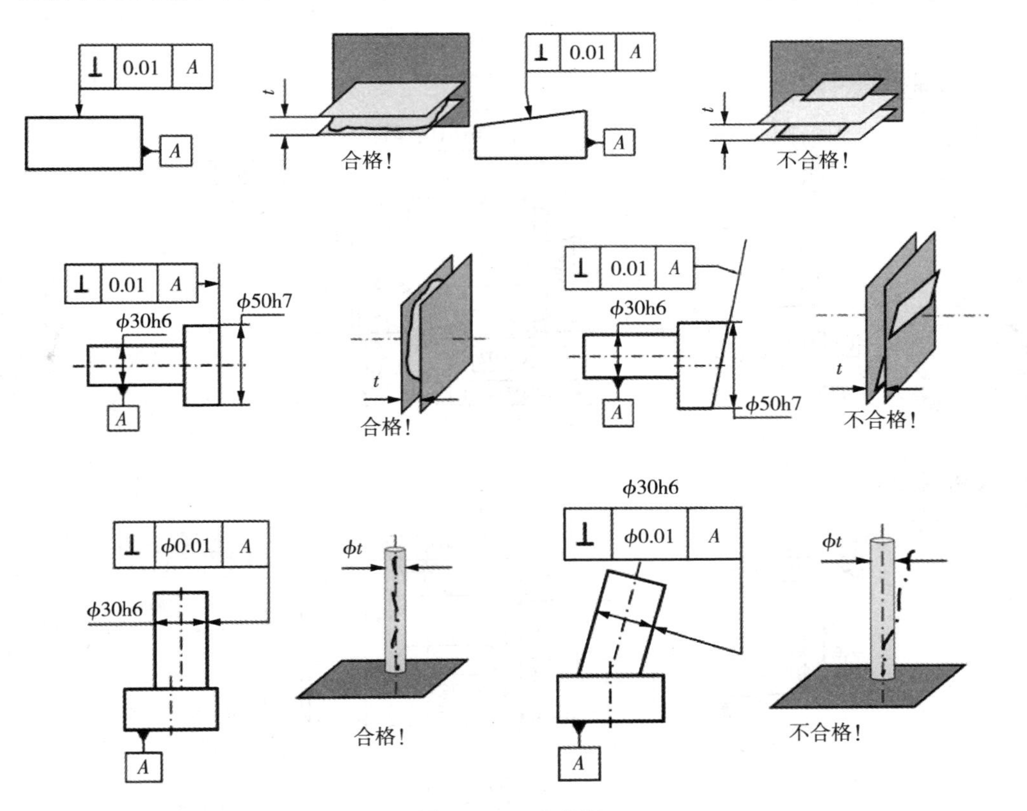

图 3-54　垂直度

倾斜度:公差带是距离为公差值 t 且与基准平面成一给定理论正确角度的两平行平面内的区域,如图 3-55 所示。

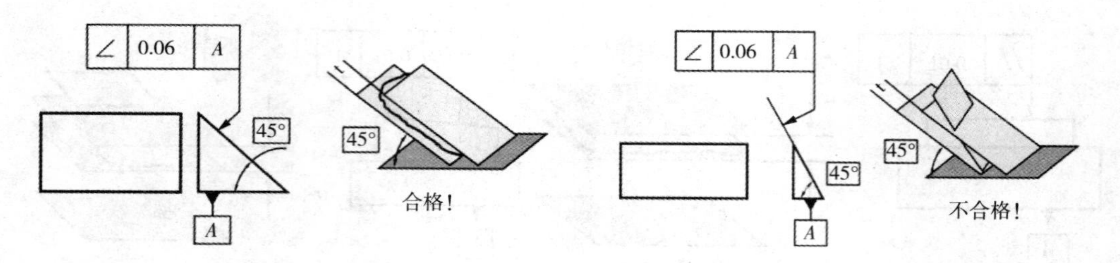

图 3－55　倾斜度

同轴度：公差带是直径为公差值 t 的圆柱面内的区域，该圆柱面的轴线与基准轴线同轴，如图 3－56 所示。

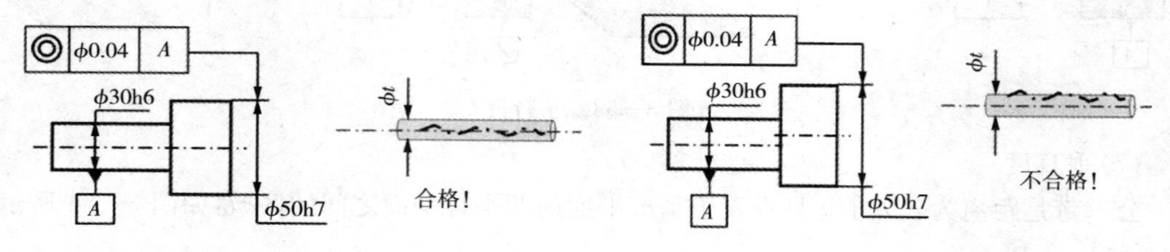

图 3－56　同轴度

4. 改错题

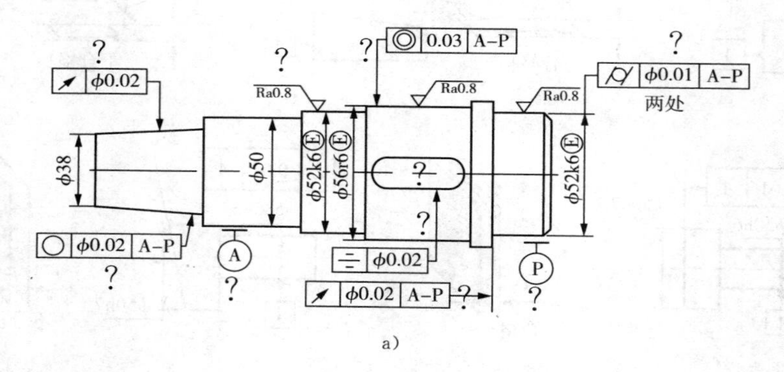

改错后：

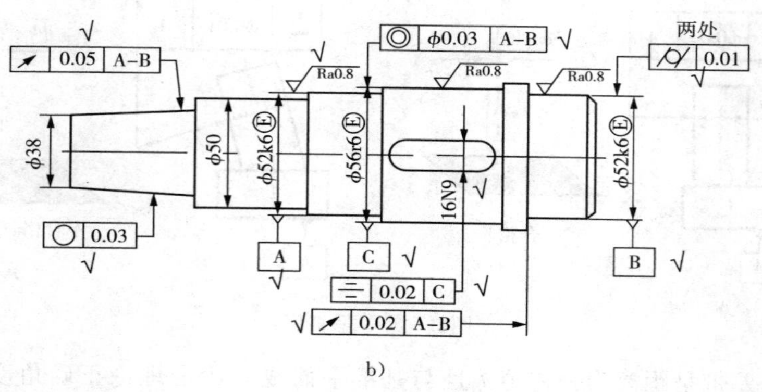

图 3－57　零件标注

3.3.3　金属材料热处理、硬度

钢的热处理是指将钢在固态范围内采用适当的方式进行加热、保温和冷却，如图 3-58 所示，以改变其组织，从而获得所需性能的一种工艺方法。

热处理方法很多，但任何一种工艺都是由加热、保温和冷却 3 个阶段组成的。

热处理的主要目的：改变钢的性能。

热处理的应用范围：整个制造业。

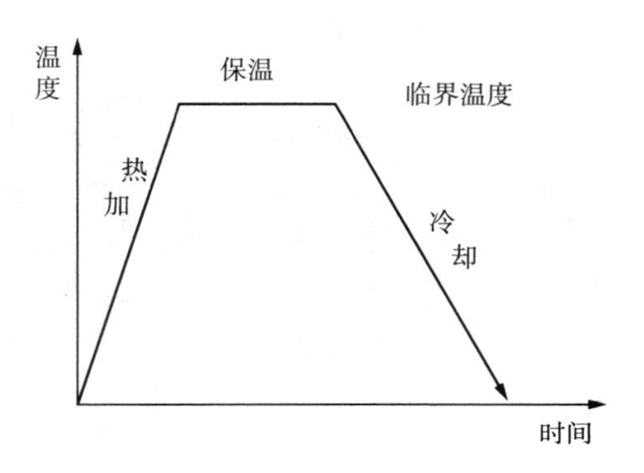

图 3-58　热处理工艺曲线

金属材料性能的决定因素：化学成分、内部组织。其中“化学成分”是改变性能的基础，“热处理”是改变性能的手段，“组织”是性能变化的根据。只有通过正确的热处理工艺，才能得到一定的组织，获得预期的性能。

热处理的分类：

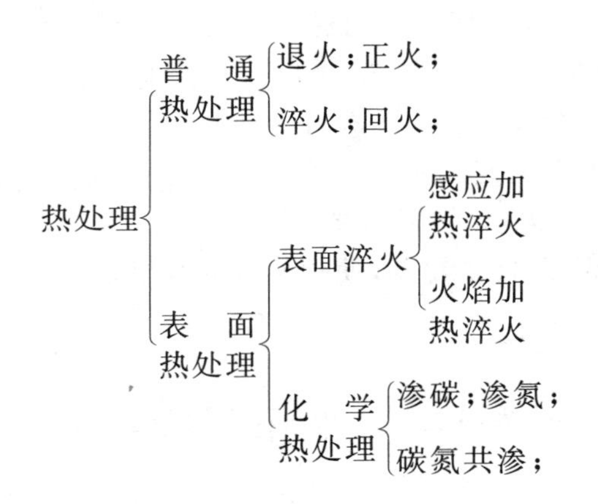

一、钢的普通热处理工艺

一般零件生产的工艺路线：毛坯生产⟶预备热处理⟶机械加工⟶最终热处理⟶机械精加工。

预备热处理：退火；正火；

最终热处理：淬火；回火；

整体热处理常见的工艺为退火、正火、淬火、回火等。

1. 退火

退火把零件加温到临界温度以上 30～50℃，保温一段时间，然后随炉冷却。

退火的目的：

(1)降低钢的硬度，提高塑性，以利于切削加工及冷变形加工；

(2)消除钢中的残余内应力，以防工件变形和开裂；

(3)改善组织，细化晶粒，改变钢的性能或为以后热处理做准备。

退火的分类：

各种退火、正火加热温度及工艺曲线如图 3-59 所示。

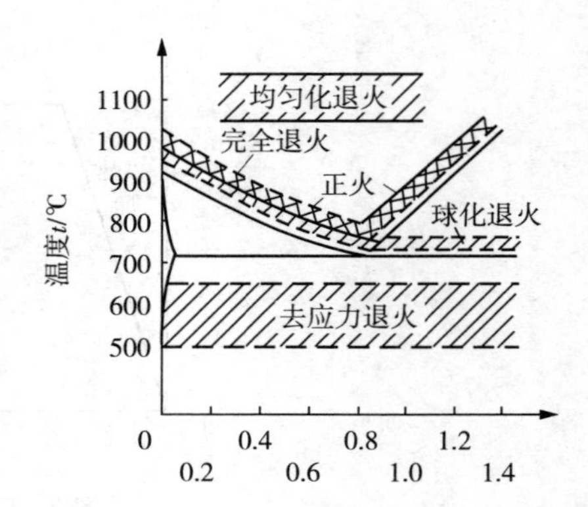

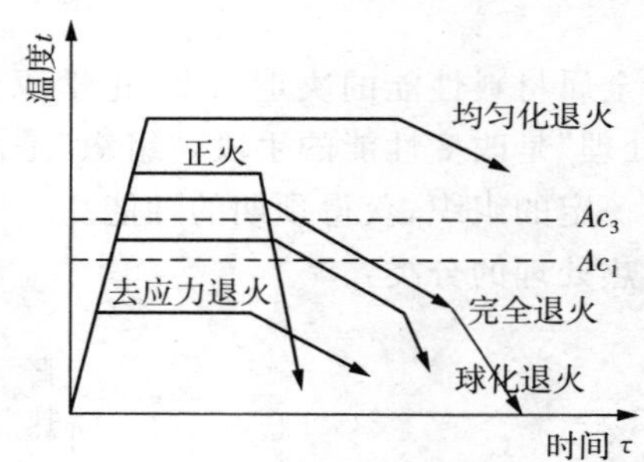

图 3-59 退火正火工艺规范示意图

(1)完全退火。加热到 Ac_3 以上 20～30℃，保温，缓冷至 600℃以下，再空冷，得到接近平衡状态组织。主要用于亚共析钢和共析钢的锻件、轧件、铸件，使晶粒细化，组织均匀和消除残余应力，提高钢件的性能。过共析钢不宜完全退火，因析出网状渗碳体，降低钢的力学性能。

(2)球化退火。使钢中的碳化物呈球状而进行的退火。将工件加热到 Ac_1 以上 20～30℃，保温，然后缓慢冷却。主要用于过共析钢，使钢中二次渗碳体和珠光体中的片状渗碳体球状化，以降低硬度提高韧性，改善切削加工性能。

(3)去应力退火。为消除形变加工、锻造、焊接等以及铸件内存在的残余应力而进行的退火。铸钢件的温度为 600～650℃，铸铁件为 500～550℃，保温后在炉内缓慢冷却。组织不发生变化，只消除内应力，减少变形，稳定尺寸。

(4)扩散退火(均匀化退火)。将钢加热到略低于固相线温度，长时间保温，随炉冷却，使化学成分和组织均匀化。主要用于质量要求高的合金钢铸锭、铸件或锻件。

2. 正火

正火是将把零件加温到临界温度以上 50～70℃，保温一段时间，然后在空气中冷却。

正火主要应用于：

(1)对不太重要的零件，可细化晶粒，组织均匀，提高机械性能，作为最终热处理；

(2)对低碳钢和低碳合金钢，可提高硬度，改善切削加工性；

(3)对于过共析钢或工具钢，可减少二次渗碳体，并使其不呈连续网状碳化物，便于球化退火。

3. 淬火

淬火是将把零件加温到临界温度以上 30～50℃，保温一段时间，然后快速冷却(水冷)。

淬火可提高工件的硬度和耐磨性，一般淬火后的工件再配合适当温度的回火，可获得较好的综合力学性能，如刀具、模具、轴和齿轮。淬火质量取决于加热温度和冷却方式。

(1)淬火加热温度。根据钢材的化学成分决定，亚共析钢在 Ac_3 以上 30～50℃，此时钢的组织为细颗粒的奥氏体，淬火后获得细小的马氏体。若温度低于 Ac_3，将出现自由铁素体。若温度过高，得到粗大的马氏体，性能变坏。共析钢和过共析钢加热温度在 Ac_1 以上 30～50℃，得到细小的马氏体和小颗粒的渗碳体组织。

(2)淬火冷却方法。冷却介质对淬火效果有很大影响，常用的有水、油和盐、碱的水溶液。水用于形状简单、截面较大的碳素钢工件。油用于合金钢和复杂的碳素钢。常用淬火方法如图 3－60 所示。1 表示单液淬火，2 表示双液淬火，3 表示分级淬火，4 表示等温淬火。例如：P863 防钻板(材料 65Mn)采用盐浴等温淬火，改善变形。C453 方舌组件(Q235)采用渗碳水淬。

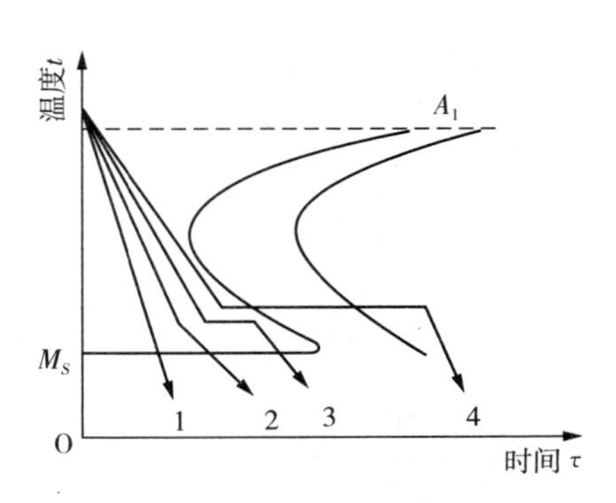

图 3－60　常用淬火方法示意图

淬火是各种热处理中最复杂的一种工艺，原因：

(1)冷却速度快，容易造成变形及开裂；

(2)冷却速度慢，达不到硬度；

(3)零件的复杂造成变形及开裂。

(3)淬火工艺的三要素：

① 加热温度目的：获得细及均匀的 M。

各种钢的淬火温度主要依靠其组织和类型及临界点；

亚共析钢，适宜的淬火温度一般 Ac_3 以上 30～50℃；

过共析钢，适宜的淬火温度一般 Ac_1 以上 30～50℃；

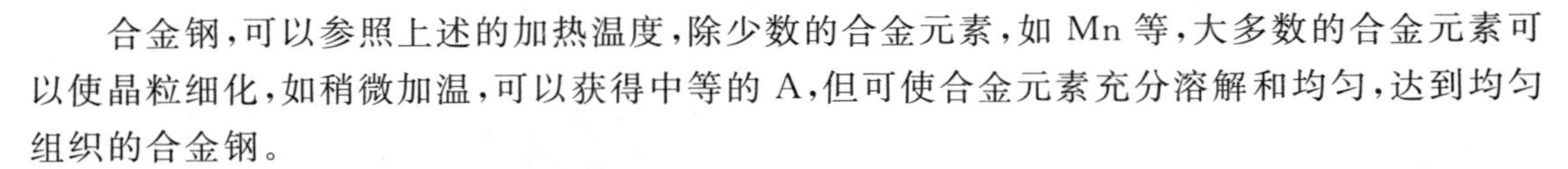
合金钢，可以参照上述的加热温度，除少数的合金元素，如 Mn 等，大多数的合金元素可以使晶粒细化，如稍微加温，可以获得中等的 A，但可使合金元素充分溶解和均匀，达到均匀组织的合金钢。

② 淬透性和淬硬性：

淬透性：是指钢在淬火时所能得到的淬硬层(马氏体组织占 50％处)深度的能力。影响钢的淬透性的因素：主要是临界淬火冷却速度 V_K 的大小，V_K 越大，钢的淬透性越小。

淬硬性：是指钢在淬火成马氏体后所能达到的最高硬度。影响钢的淬硬性的因素：主要取决于马氏体的含碳量。

③ 淬透性与淬硬性的区别：

淬透性：是指钢接受淬火的能力；淬硬性：是指钢在淬火后能够获得的最高硬度；

(4)在设计中如何考虑钢的淬透性

① 根据工件的工作条件确定对钢淬透性的要求，如图 3－61 所示。例：对车刀、钻头等工具，往往要磨刀后继续使用，就需要从表到里均要硬和耐磨全部淬硬；对于轴，承受弯曲、扭转应力，应力集中在外层，所以心部不需要那么高的硬度，淬透层为半径的 1/2～1/3 就足够。

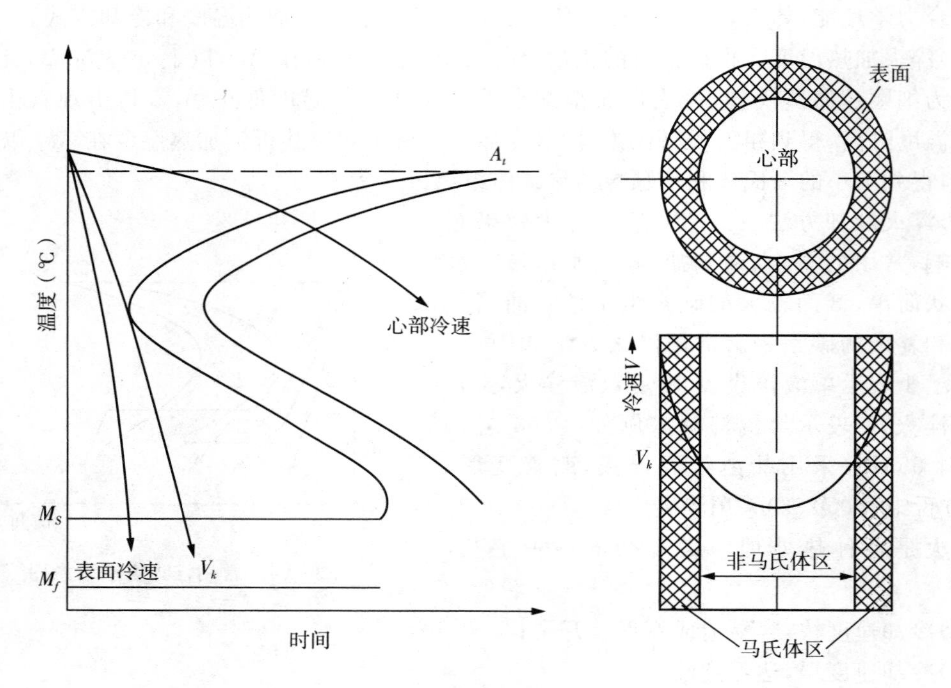

图 3-61　工件淬硬层与冷却速度的关系

② 在进行强度设计时，查手册时，注意各种钢的数据用多大的试样测量。

③ 对碳钢，设计尺寸较大的工件时，用碳钢的调质处理还不如用正火更经济如图 3-62 所示。如：45 钢调质后 σb=0.61MPa

正火后 σb=0.60MPa

④ 在安排工艺路线时，也应考虑淬透性，应粗车后再淬火。

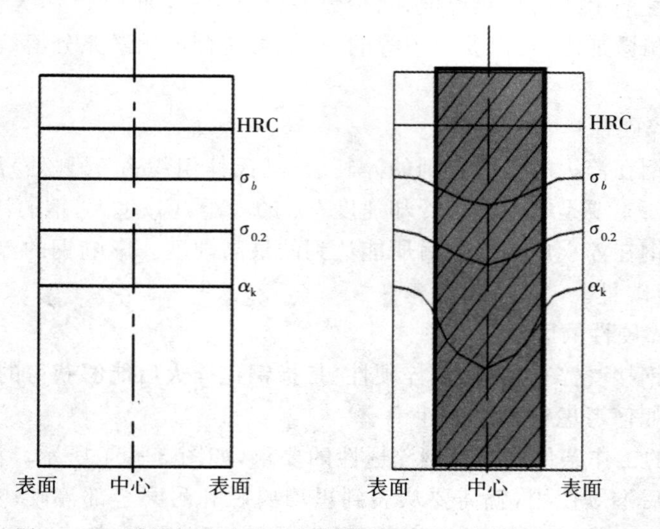

图 3-62　淬透性的大小对钢的热处理后的力学性能的影响

4. 回火

回火把淬火后的零件重新加温到 Ac_1 线以下某个温度，保温一段时间，然后冷却到室温。目的是为了消除淬火引起的残余应力及获得要求的组织和性能。

回火目的：淬火后得到性能很脆的马氏体组织，而且淬火马氏体是不稳定的组织，它有变为稳定状态的趋势，而使零件尺寸变化，并存在内应力，零件容易变形和开裂。为此利用回火来达到以下目的：①减少和消除淬火应力；②稳定工件尺寸，防止变形和开裂；③获得工件所需的组织和性能；即获得要求的强度、硬度和韧性。

回火的种类及应用：

(1)低温回火。加热温度为 150～250℃，得到碳的过饱和程度稍小的固溶体—回火马氏体，硬度较高，在 58～64HRC 之间，高耐磨性。可消除一定的残余应力，韧性有所改善。用于各类高碳钢的工具、模具、量具。

(2)中温回火。加热温度为 350～500℃，得到极细颗粒状渗碳体和铁素体的混合物—回后火托氏体，有极高的弹性极限和屈服强度，也有较好的韧性。硬度在 35～45HRC；用于各种弹簧、弹簧夹头及锻模。

(3)高温回火。加热温度为 500～650℃，得到细而均匀的颗粒状渗碳体和铁素体的混合物——回火索氏体，有较高的强度和硬度，又有较好的韧性和塑性。工厂一般把淬火和高温回火叫调质处理。用于重要的零件如轴、齿轮、连杆和螺栓。

二、钢的表面热处理

表面热处理的工艺核心：使零件具有“表硬里韧”的力学性能。

1. 表面淬火

表面是一种不改变钢表层化学成分，但改变表层组织的局部热处理工艺。

工艺特征：通过快速加热使钢的表层奥氏体化，然后急冷，使表层形成马氏体组织，而心部仍保持不变。表面淬火件的质量好；工件变形小；不易氧化及脱碳；淬火层容易控制；生产率高。

表面淬火用钢：选用中碳或中碳低合金钢。40、45、40Cr、40MnB 等。

表面淬火加工的方法：感应加热(高、中、工频)、火焰加热、电接触加热法等。

表面淬火前应进行一次预热处理，如调质、正火等，目的是为了加速感应加热中 A 的合金化和均匀化，淬火时能得到均一的高硬度，同时改善心部的硬度和切削中的粗糙度。表面淬火后，必须对零件进行低温回火处理，以降低淬火应力和脆性。

2. 化学热处理

化学热处理是通过改变工件表层化学成分、组织和性能的金属热处理工艺。其工艺的核心：使零件具有“表硬里韧”的力学性能。

将零件置于一定的化学介质中，通过加热、保温，使活性介质(气体、液体、固体)一种或几种元素原子渗入工件表层，以改变钢表层的化学成分和组织的热处理工艺；渗入元素后，有时还要进行其他热处理工艺如淬火及回火以提高工件表面的耐磨性、耐蚀性、耐热性能等等。

化学热处理的主要方法有渗碳、渗氮、渗铝、渗硼、渗钒等。

渗入的化学成分不同，钢表面的性能不同，如：

渗碳、碳与氮共渗(氰化)——提高耐磨性；

渗氮——提高表面硬度、耐磨和耐腐蚀;

渗硫——提高减摩擦性;

渗硅——提高耐热抗氧化性;

渗硼——特别硬,高耐磨耐腐蚀。

化学热处理的基本过程:

(1)分解:化学介质在高温下释放出待渗的活性原子。

(2)吸收:活性原子被零件表面吸收和溶解。

(3)扩散:活性原子由零件表面向内部扩散,形成一定的扩散层。

化学热处理进行的条件:

(1)渗入元素的原子必须是活性原子,而且具有较大的扩散能力。

(2)零件本身具有吸收渗入原子的能力,即对渗入原子有一定的溶解度或能与之化合,形成化合物。

三、硬度检查

硬度指金属材料抵抗外物压入其表面的能力,也是衡量金属材料软硬程度的一种力学性能指标。工程上常用的有布氏硬度、洛氏硬度和维氏硬度。

硬度是各种零件和工具必须具备的力学性能指标。机械制造中所用的刀具、量具、模具等都应具备足够的硬度,才能保证使用性能和使用寿命。有些机械零件如齿轮、曲轴等,也要求具有一定的硬度,以保证足够的耐磨性和使用寿命。

1. 布氏硬度 HBS(HBW)

布氏硬度是在布氏硬度计上进行测量的,用一定直径的钢球或硬质合金球为压头,以相应的实验力压入试样表面,保持规定的时间后,卸除实验力,在试样表面形成压痕,以压痕球形表面所承受的平均负荷作为布氏硬度值,如图 3-63 所示。

$$\text{HBS(HBW)}=\frac{2F}{\pi D\left(D-\sqrt{D^2-d^2}\right)}$$

式中F——实力(kgf);

D——球体直径(mm);

d——压痕平均直径(mm)。

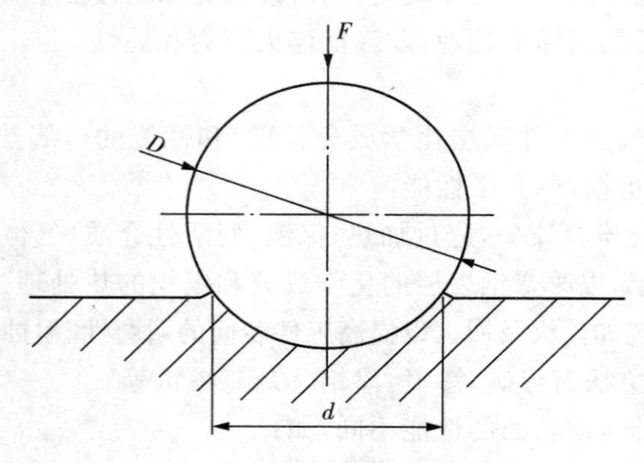

图 3-63　布氏硬度实验原理图

在做布氏试验时，只需测量出 d 值即可从有关表格上查出相应的布氏硬度值。压头为钢球时，为 HBS，适用于布氏硬度 450HBS 以下的材料；压头为硬质合金球时，为 HBW，适用于布氏硬度 650HBW 以下的材料。

表示方法：布氏硬度的表示方法是，测定的硬度数值标注在符号 HBW 的前面，符号后面按球体直径、实验力、实验力保持时间(10～15s 不标注)的顺序，用相应的数字表示实验条件。例如：600HBW1/30/20，表示用直径 1mm 的硬质合金球在 294.2N 实验力的作用下保持 20s，测得的布氏硬度值为 600。

优点：测量结果准确，缺点：压痕大，不适合成品检验。

2. 洛氏硬度

洛氏硬度是用压头压入的压痕深度作为测量硬度值的依据。洛氏硬度没有单位，可以直接从洛氏硬度计的表盘上读出，它是一个相对值。

洛氏硬度用 HRA、HRB 和 HRC 来表示。

表面洛氏硬度 HR15N、HR30N、HR45N、HR15T 等。

HRA 采用外加载荷为 60kgf，用于测量高硬度薄层，常用硬度值为 70～85HRA；

HRB 采用直径 3.588mm 的钢球，100kgf 的外加载荷，用于硬度较低的材料，常用硬度值为 25～100HRB。

HRC 采用顶角为 120°的金刚石圆锥体为压头，施加 150kgf 的外力，主要用于淬火钢等较硬材料的测定，常用硬度值为 20～67HRC；

优点：(1)洛氏硬度有许多不同的标尺，压头有硬质、软质多种，可以测出从极软到极硬材料的硬度；(2)压痕小，可在成品零件上检测；(3)测量迅速简便。

缺点：洛氏硬度有许多不同的标尺，其硬度值无法统一。

3. 维氏硬度 HV

测试的基本原理与布氏硬度相同，但压头采用锥面夹角 136°的金刚石正四棱锥体。

维氏硬度值的表示方法与布氏硬度相同，硬度数值写在符号的前面，实验条件写在符号的后面。例如：642HV30/20，表示用 294.2N 实验力保持 20s 测定的维氏硬度值为 642。

维氏硬度试验所用载荷小，压痕深度浅；适用于低载荷维氏硬度测定表面淬火时硬化层深度和渗碳、渗氮件表面硬度以及小件、薄件硬度等。

优缺点：

(1)试验载荷可任意选择，(从 1kg～50kg，以及 10g～1000g)故可测硬度范围宽。

(2)材质不论软硬，测量数据稳定可靠，精度高。

(3)工作效率较低。

3.4 任务实施

3.4.1 卸料板的测量

请对卸料板进行两次测量，两次测量角度为 90 度。将所测得数据填写在下表中：

序号	长度(mm)	宽度(mm)	厚度(mm)	销孔直径(mm)	螺纹孔公称直径(mm)	测量者
1						
2						
3						
平均值						

3.4.2 卸料板绘制

绘制步骤：

(1)绘制 A4 图框和标题栏；

(2)确定主视图(剖视图)和俯视图(剖视图)位置，绘制中心线；

(3)使用丁字尺、三角板、圆规绘制垫片主视图和俯视图，使视图符合投影规律；

(4)标注卸料板长度、宽度和厚度尺寸；销孔直径尺寸、位置尺寸及公差；螺纹孔的标注。

3.5 成绩评定

指导教师根据下表评定学生作品成绩：

学生姓名		总得分	
项目	检测内容	评分标准	得分
卸料板零件测量	卸料板外形尺寸测量	错误 1 处扣 10 分	
	卸料板销孔测量	错误 1 处扣 10 分	
	卸料板螺纹孔测量	错误 1 处扣 10 分	
	非圆尺寸测量	错误 1 处扣 10 分	
	测量工具使用规范	不规范扣 5 分	
卸料板零件绘制	数据圆整	不符合设计规范，1 处扣 5 分	
	视图布局	不符合设计规范，扣 5 分	
	线条使用	错误 1 处扣 10 分	
	图纸幅面、标题栏填写	错误 1 处扣 10 分	
	尺寸、公差标注	错误 1 处扣 10 分	
	热处理标注	错误 1 处扣 10 分	
工作素养	服从指导教师	指导教师自由裁量	
	按时完成任务	每延迟 1 天扣 10 分	

3.6　强化训练

练习一：端盖的画法。

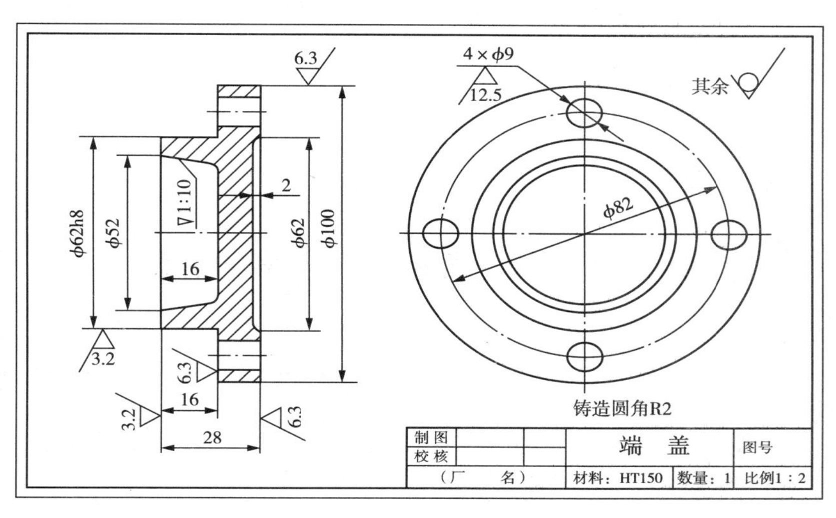

图 3-64　端盖的画法

练习二：泵体画法。

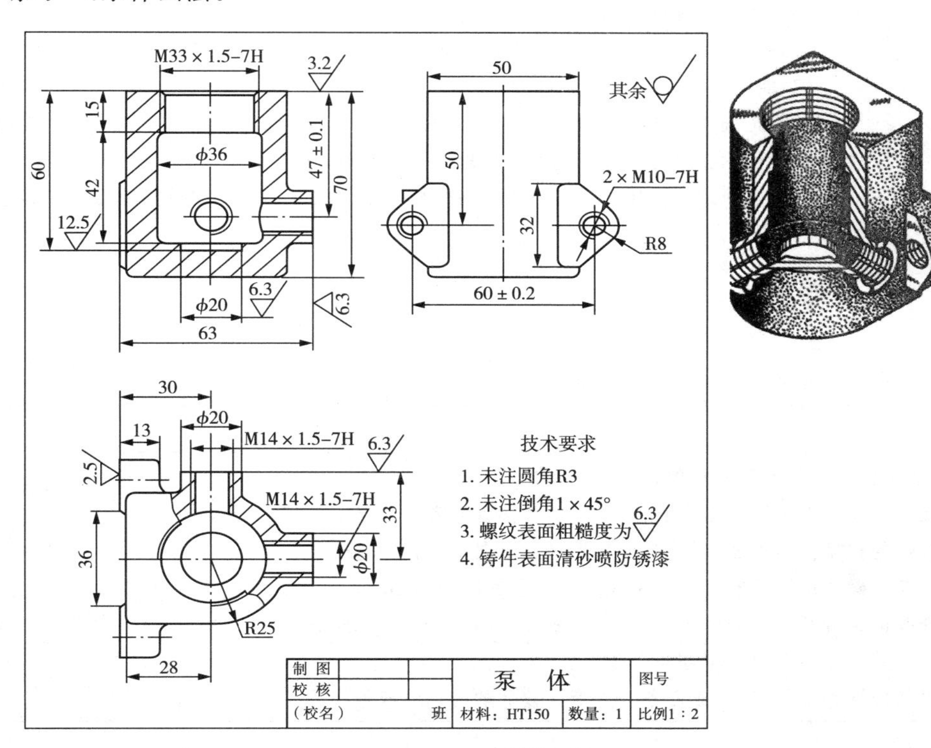

图 3-65　泵体画法

项目四　冲压模具拆装

4.1　任务单:落料冲孔模具的拆装

<table>
<tr><td>任务名称</td><td>落料冲孔模具的拆装</td></tr>
<tr><td>任务描述</td><td>学生在教师指导下,通过拆装模具,使学生初步了解落料冲孔模的模具结构、工作原理、主要零部件类型以及模具零件的固定和安装</td></tr>
<tr><td>学习目标</td><td>(一)知识目标:
(1)掌握典型的模具结构及其工作原理;
(2)了解模具零部件类型;
(3)熟悉拆装模具所用的工具并准确地说出名称。
(二)能力目标:
(1)能正确使用相应的拆装工具;
(2)能使用相应的工具且能够正确地拆装模具;
(3)能够熟练地使用测量工具测出各个模具零件尺寸,并徒手绘制简图。
(三)职业素养:
(1)服从指导教师工作安排;
(2)在规定的时间内完成任务;
(3)主动学习;
(4)养成良好的工作习惯</td></tr>
<tr><td colspan="2">考核标准</td></tr>
<tr><td colspan="2">要求学生拆装一套落料冲孔模,要求:
(1)准确的找出拆装模具需要的各种工具,并摆放整齐。错误 1 处扣 10 分。
(2)合理的安排拆装顺序,并制定拆装计划。错误 1 处扣 10 分。
(3)能够正确的使用拆装工具。违规操作或暴力操作扣 10 分。
(4)准确记录拆卸下来的模具零件,绘制零件简图,每处扣 5 分。
(5)测量并标注尺寸错误 1 处扣 5 分。
(6)服从指导教师、按时完成任务。由指导教师酌情扣分或不扣分</td></tr>
<tr><td colspan="2">完成时间:1 周</td></tr>
</table>

测量任务单

任务名称	冲压模具拆装	学 时		班 级	
姓 名		学 号		成 绩	
实训资料及设备		实训场地		日 期	
零件名称					
零件简图					

尺寸 1			尺寸 7	
尺寸 2			尺寸 8	
尺寸 3			尺寸 9	
尺寸 4			尺寸 10	
尺寸 5			尺寸 11	
尺寸 6			尺寸 12	

4.2 任务分析

4.2.1 任务分析

落料模是典型的冲裁模具，因此，我们需要弄清楚落料模的模具结构、运动原理及各个模具零件的名称及其作用。此外，通过落料模要获得较高零件尺寸精度。因此，落料模加工、制造精度要求较高；同时冲裁模是利用压力机对模具里的板料施加压力使其发生断裂分离，所以对模具工作零件的材料要求较高，因此，模具拆装要求使用合适的工具正确拆装的同时，还要清楚工作部件常用的模具材料，并进行对比。

4.2.2 引导文

1. 请定义冲裁、冲孔、落料。

2. 什么叫单工序模、复合模、级进模。

3. 什么是正装模，什么是倒装模？

4. 请写出你所知道的模具上标准件的名称。

4.3　知识链接

4.3.1　冲裁的基础知识

冲裁是利用模具使板料沿着一定的轮廓形状产生分离的一种冲压工序。它包括落料、冲孔、切断、修边、切舌、剖切等工序，其中落料和冲孔是最常见的两种工序。

落料——若使材料沿封闭曲线相互分离，封闭曲线以内的部分作为冲裁件时，称为落料；

冲孔——若使材料沿封闭曲线相互分离，封闭曲线以外的部分作为冲裁件时，则称为冲孔。图 4-1 所示的垫圈即由落料和冲孔两道工序完成。

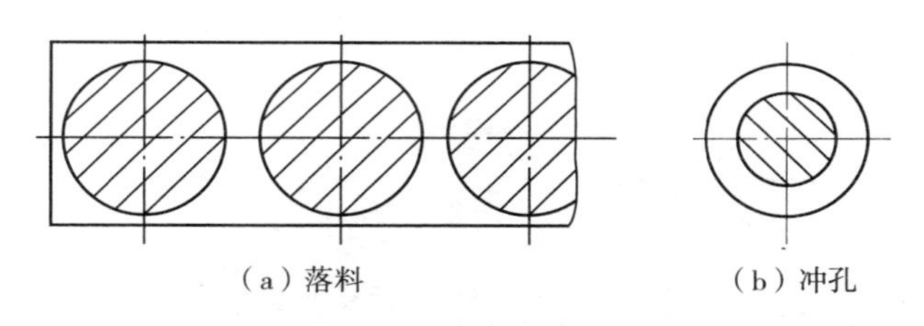

（a）落料　　（b）冲孔

图 4-1　垫圈的落料与冲孔

4.3.2　冲裁模的典型结构

1. 单工序冲裁模

单工序冲裁模是指在压力机一次工作行程内只完成一个冲压工序的冲裁模，如落料模、冲孔模、切边模、切口模等，如图 4-2 所示。

1. 落料模

(1)单工序落料模

(2)复合模冲裁模

复合冲裁模是指在压力机一次工作行程内且在同一工步完成两个或者两个以上冲压工序的冲裁模，如落料模冲孔模等，如图 4-3 所示。

复合模的设计难点是如何在同一工作位置上合理地布置好几对凸、凹模。它在结构上的主要特征是有一个既是落料凸模又是冲孔凹模的凸凹模。按照复合模工作零件的安装位置不同，分为正装式复合模和倒装式复合模两种。正装复合模指的是凸模在上，凹模在下（如图 4-4）；倒装复合膜指的是凹模在上，凸模在下（如图 4-3）。

(3)级进模冲裁模

级进冲裁模是指在压力机一次工作行程内且在不同的工步完成两个或者两个以上冲压工序的冲裁模，如图 4-5 所示。

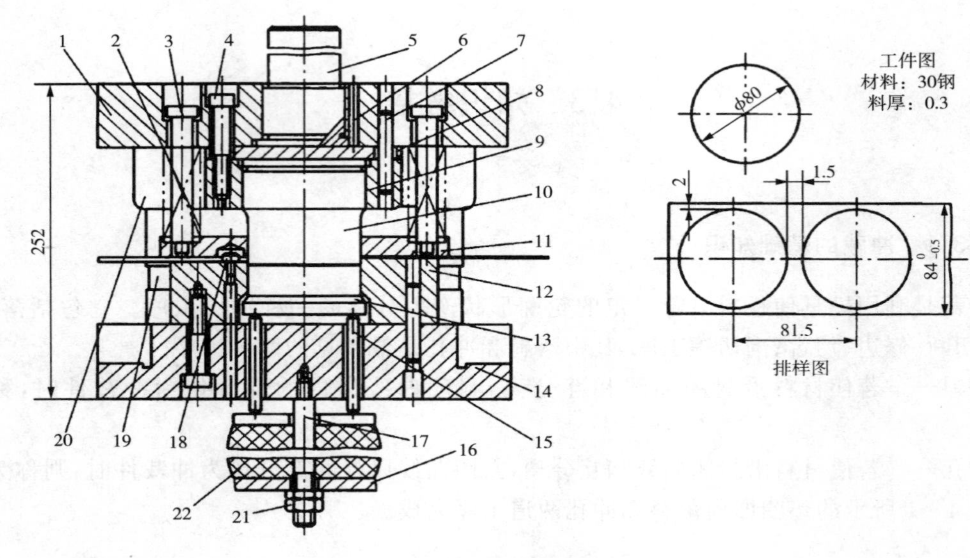

图 4-2　单工序落料模

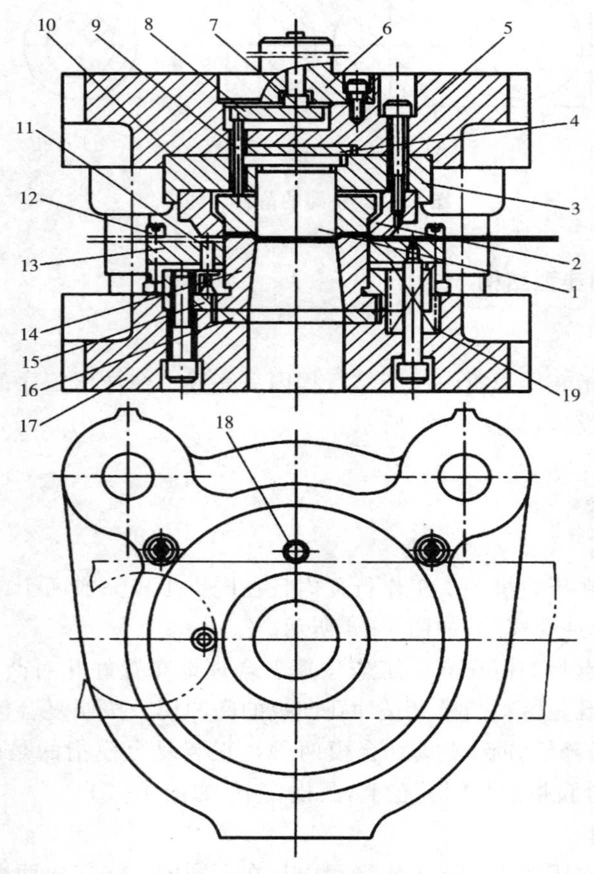

图 4-3　落料冲孔复合模

1—上模座；2—凸模；3—卸料板；4—导料板；5—凹模；6—下模座；7—定位板

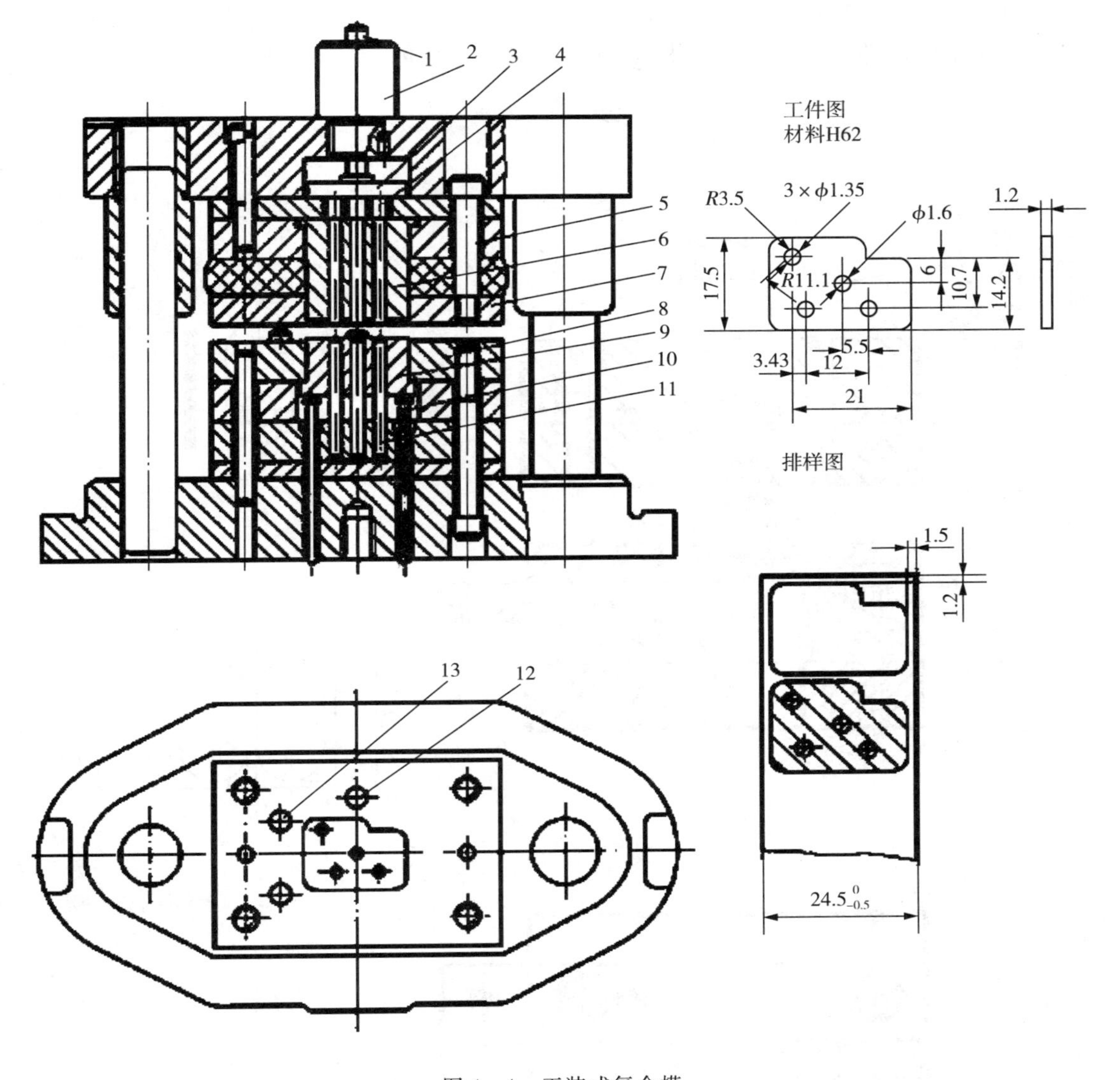

图 4-4　正装式复合模

1—打杆；2—模柄；3—推板；4—推杆；5—卸料螺钉；6—凸凹模；7—卸料板；8—落料凹模；9—顶件块；10—带肩顶杆；11—冲孔凸模；12—挡料销；13—导料销

级进模是一种工位多、效率高的冲模。整个冲件的成形是在连续过程中逐步完成的。连续成形是工序集中的工艺方法，可使切边、切口、切槽、冲孔、塑性成形、落料等多种工序在一副模具上完成。根据冲压件的实际需要，按一定顺序安排了多个冲压工序（在级进模中称为工位）进行连续冲压。它不但可以完成冲裁工序，还可以完成成形工序，甚至装配工序，许多需要多工序冲压的复杂冲压件可以在一副模具上完全成形，为高速自动冲压提供了有利条件。

由于级进模工位数较多，因而用级进模冲制零件，必须解决条料或带料的准确定位问题，才有可能保证冲压件的质量。根据级进模定位零件的特征，级进模有以下几种典型结构。

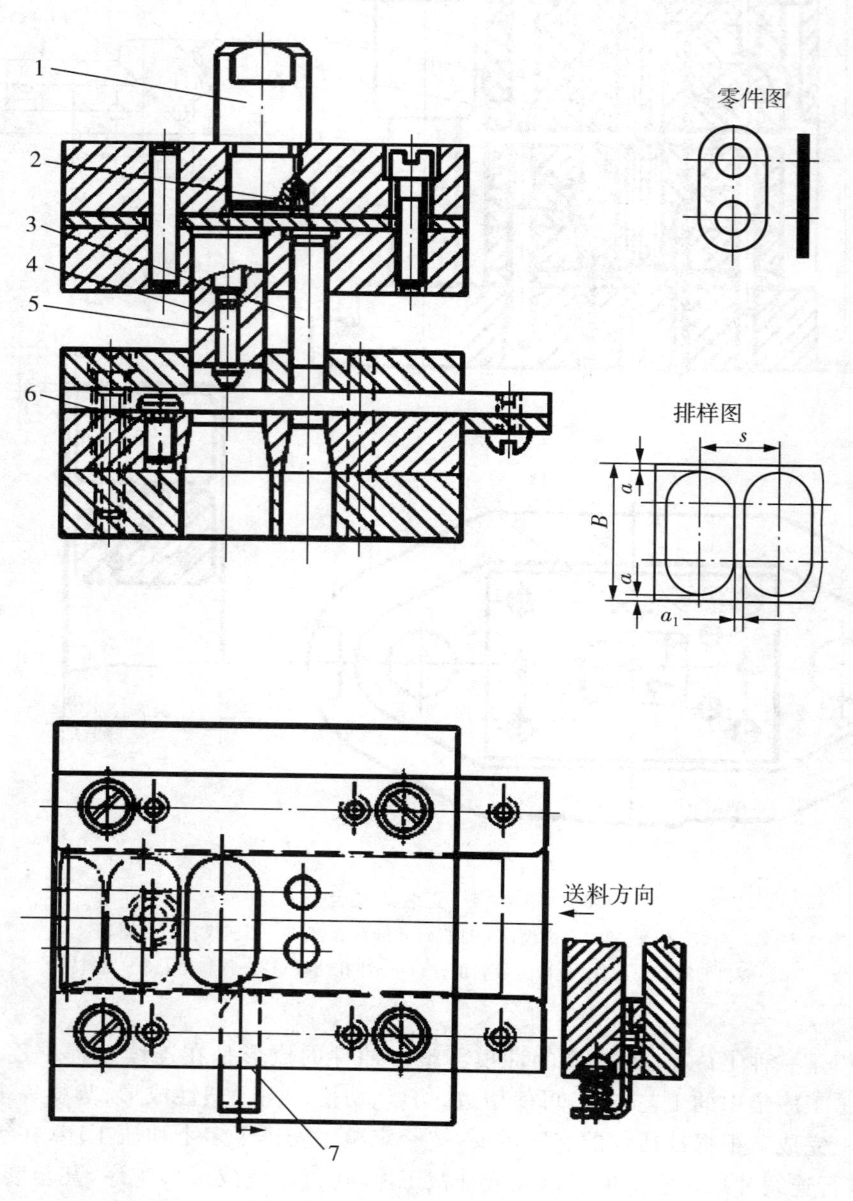

图 4-5 用导正销和定位销定距的冲孔落料级进模

1—模柄；2—螺钉；3—冲孔凸模；4—落料凸模；5—导正销；6—固定导料销；7—始用导料销

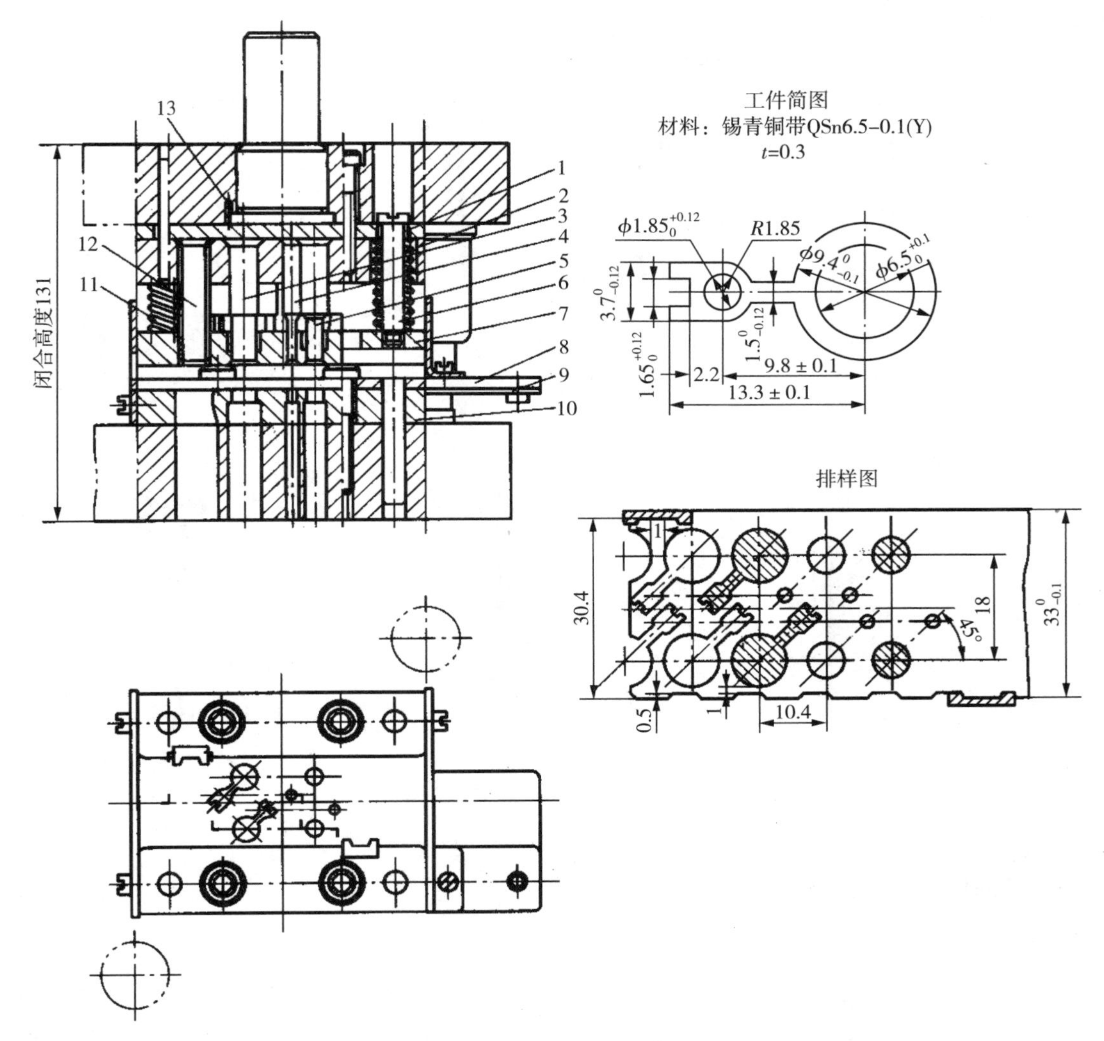

图 4－6　为双侧刃定距落料冲孔级进模

1—垫板；2—固定版；3—落料凸模；4、5—冲孔凸模；6—卸料螺钉；7—卸料板；8—导料板；9—承料板；10—凹模；11—弹簧；12—成型侧刃；13—防转销

此外，除同导正销和双侧刃定距外，还有单侧刃定距，但由于单侧刃定距受力不均，故一般不采用。

4.3.3　冲裁模零部件

1. 标准零部件

(1)凸模

凸模的结构形式

由于冲件的形状和尺寸不同，冲模的加工以及装配工艺等实际条件亦不同，所以在实际生产中使用的凸模结构形式很多。其截面形状有圆形和非圆形；刃口形状有平刃和斜刃等；

结构有整体式、镶拼式、阶梯式、直通式和带护套式等。

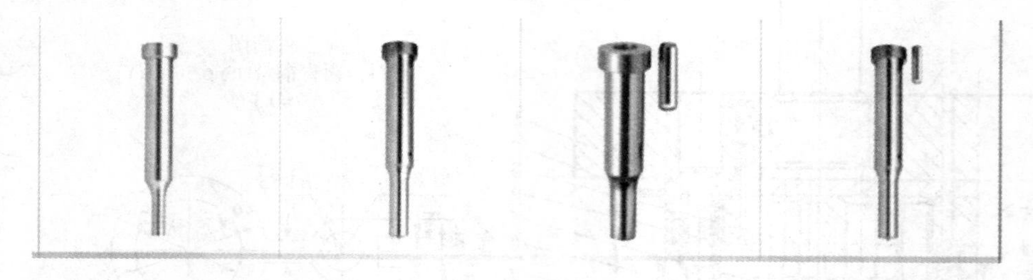

图 4-7　刃口截面为圆形的凸模

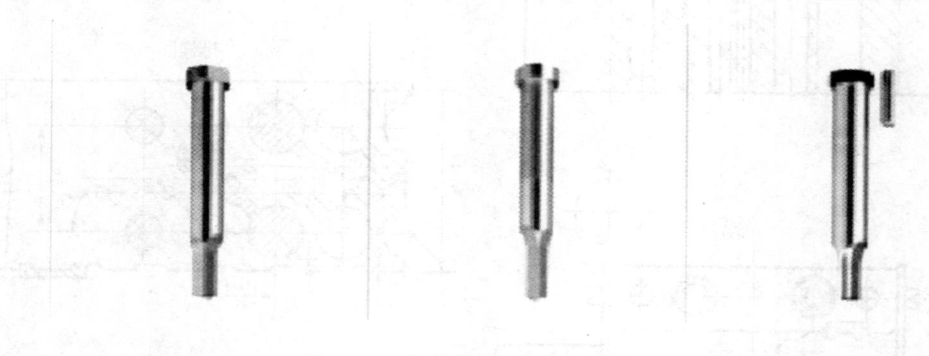

图 4-8　异形凸模(非圆形凸模)

凸模的固定方法如下。

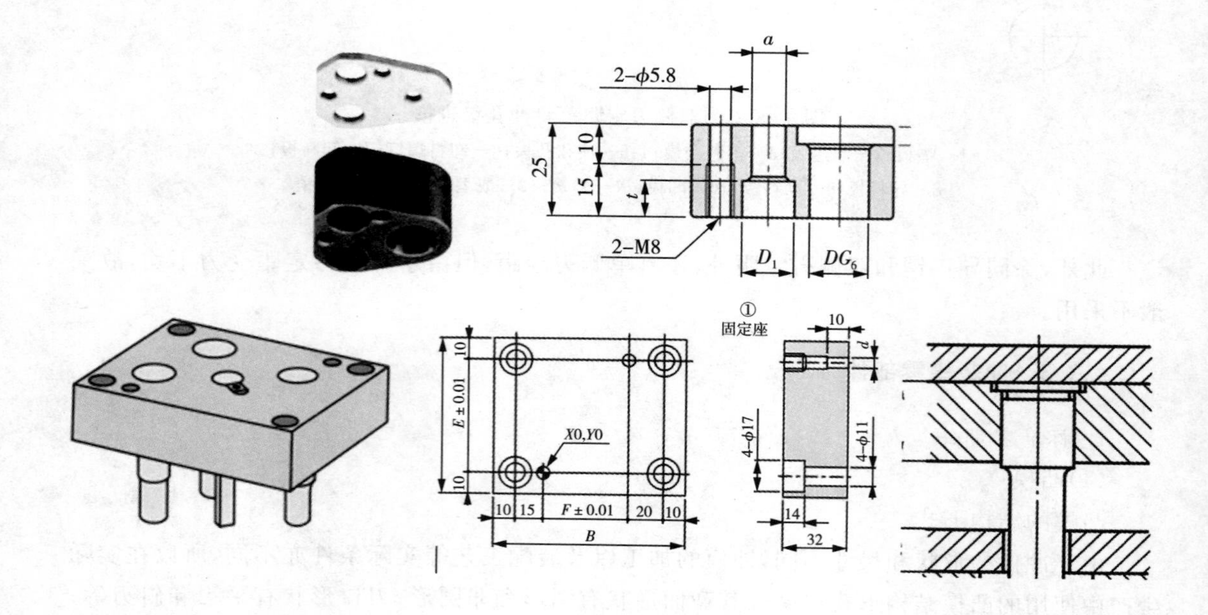

(2)凹模

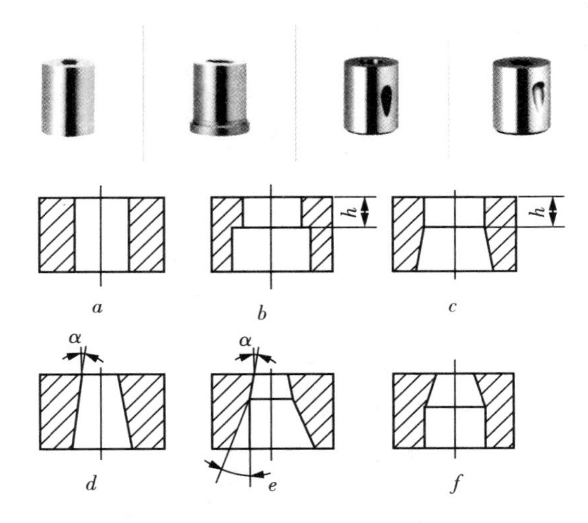

图 4-9 凹模的内部结构形式

(3)模柄

模柄是模具中的安装装置,通过模柄使模具的上模与压力机连接、固定。

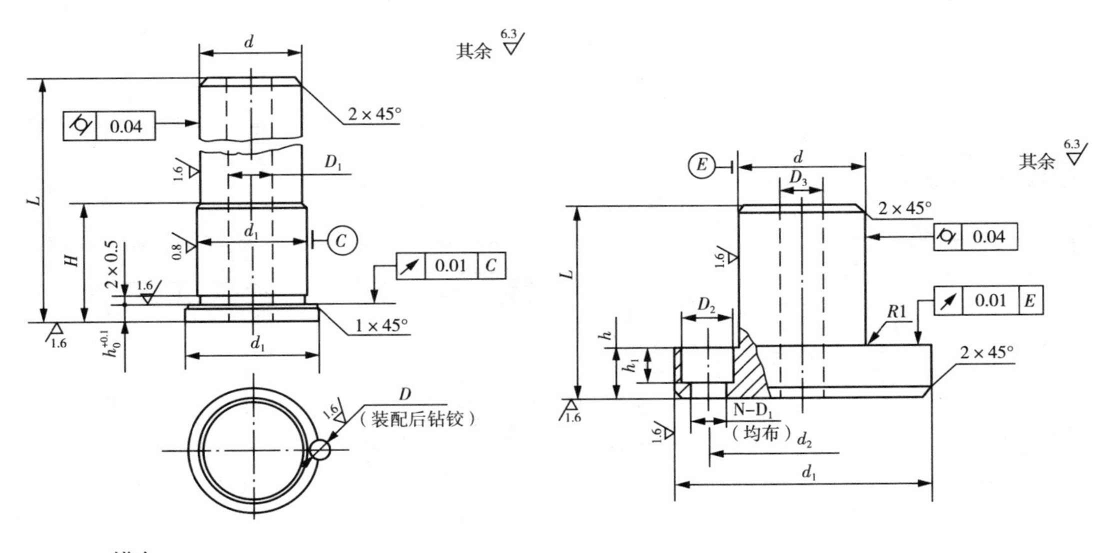

(4)模架

滑动式导柱导套模架

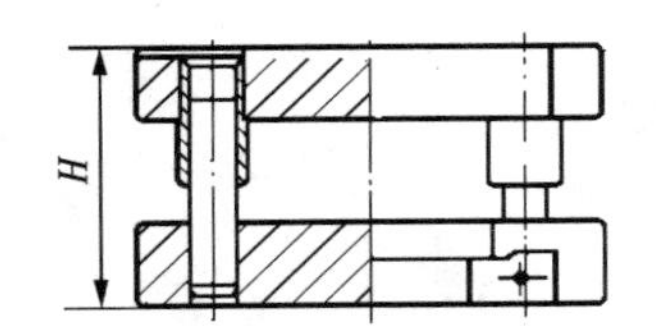

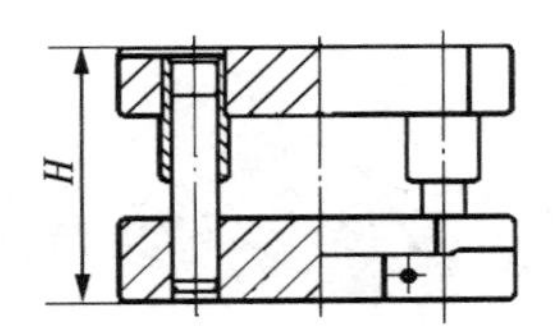

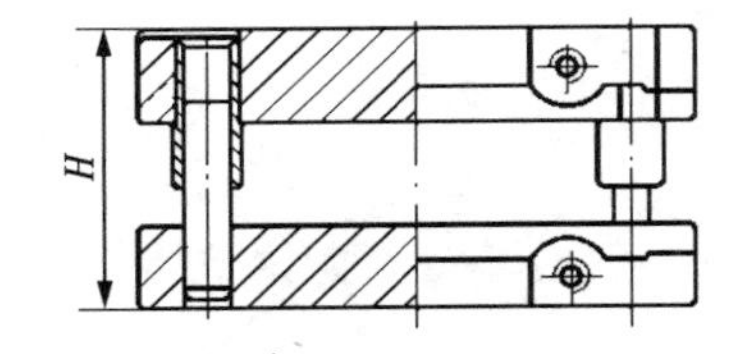

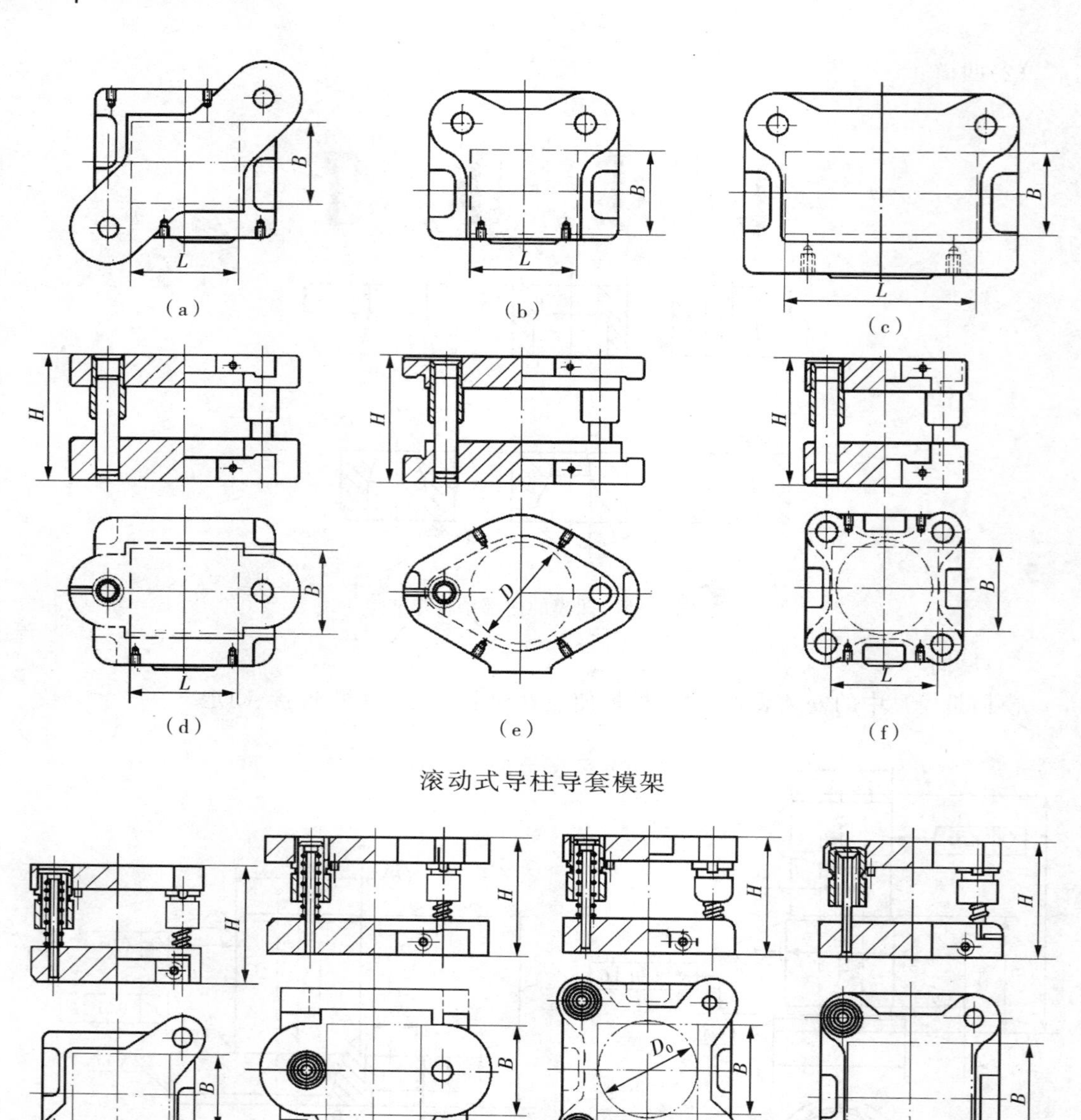

滚动式导柱导套模架

(5)模座

上模座

下模座

比较上模座与下模座结构形式,并思考为什么其结构形式不同。

(6)导柱

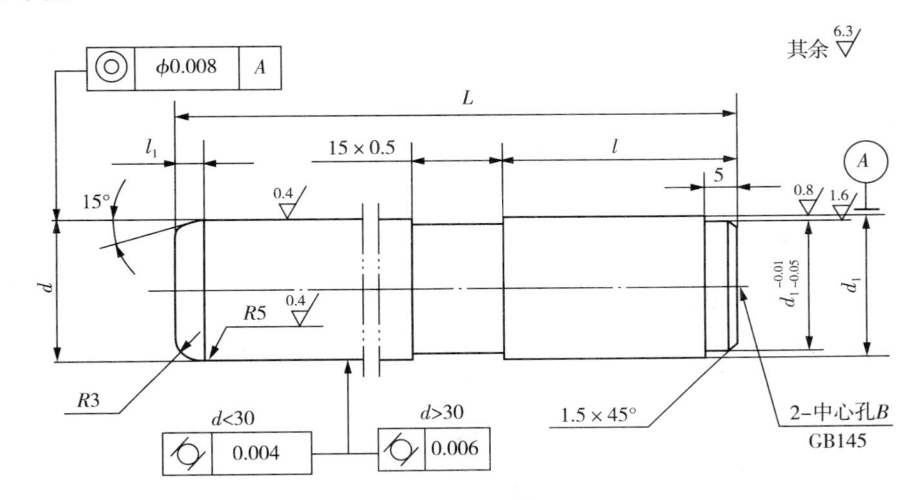

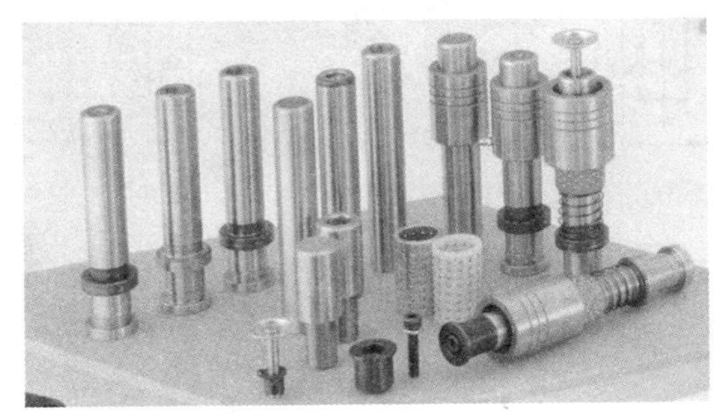

(7)导套

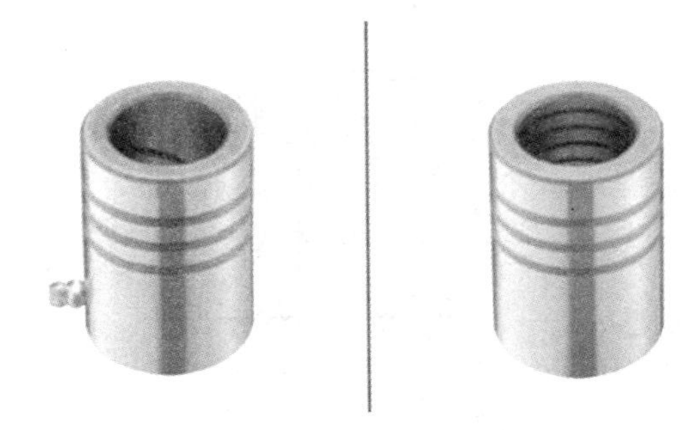

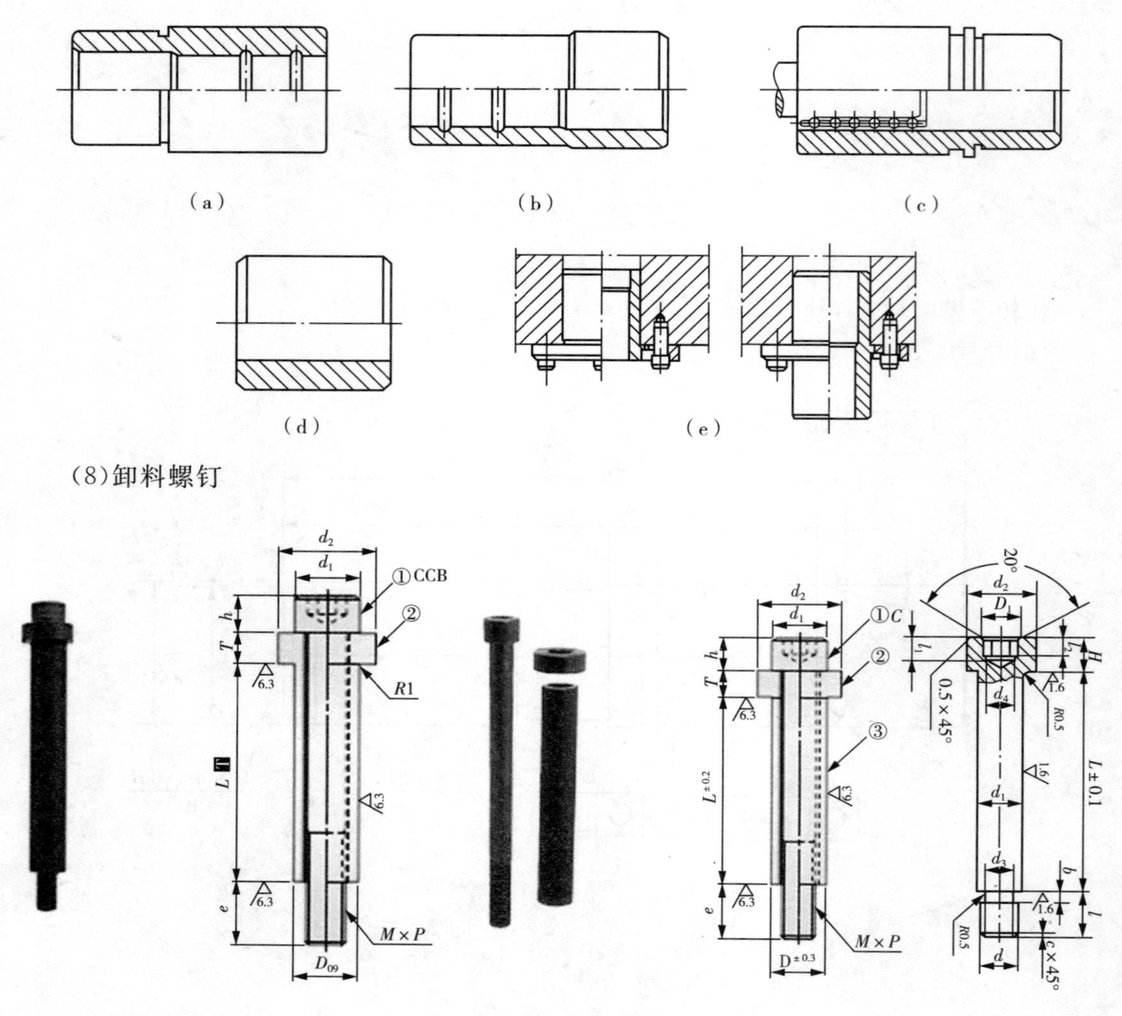

(8)卸料螺钉

(9)挡料销

挡料销起定位作用,用它挡住搭边或冲件轮廓,以限定条料送进距离。它可分为固定挡料销、活动挡料销等。

固定挡料销

活动挡料销

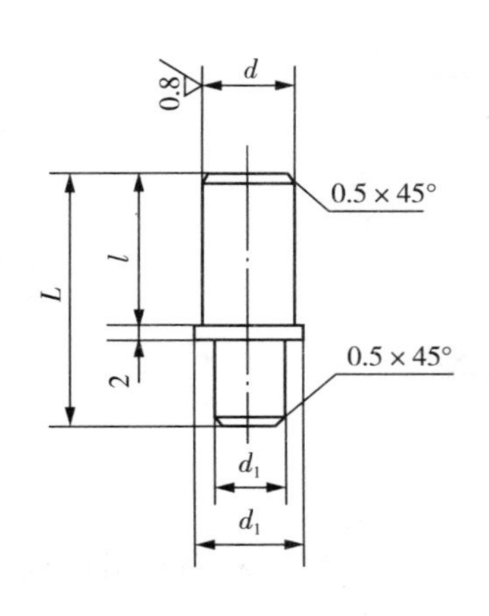

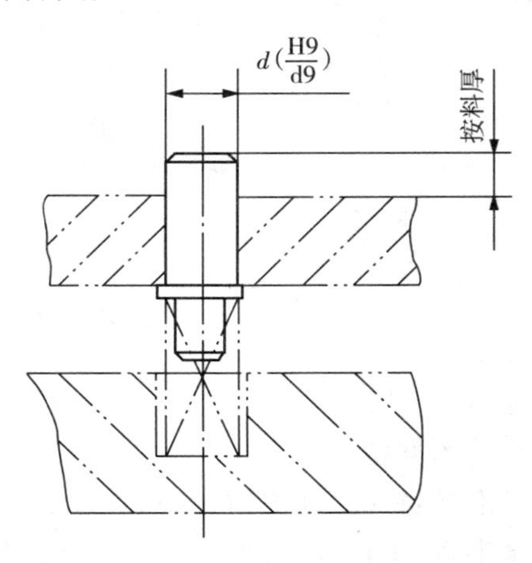

(10)螺钉

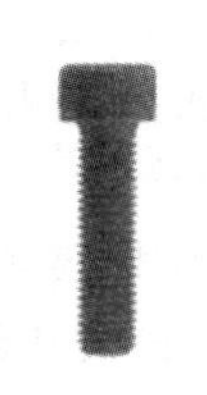

(11)销钉(定位销)

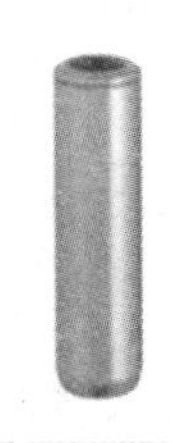
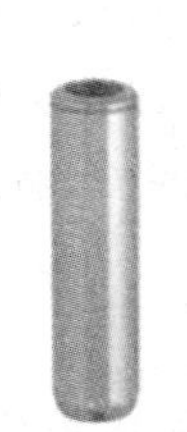
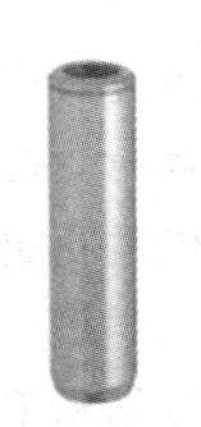
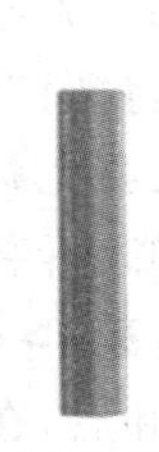

(12)推件块

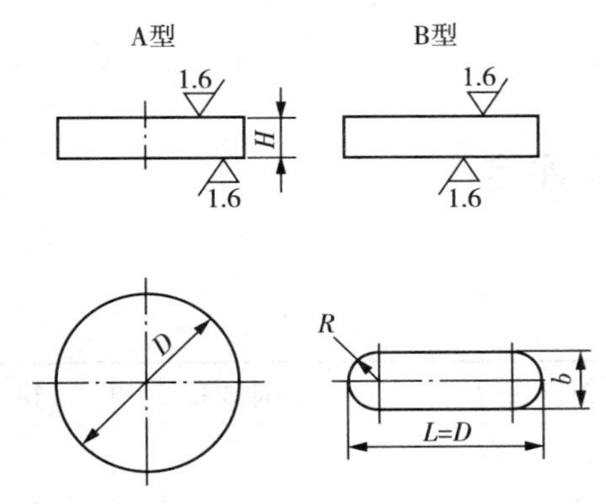

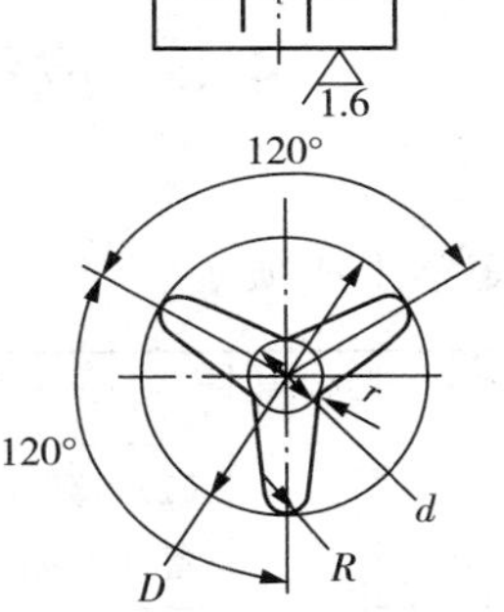

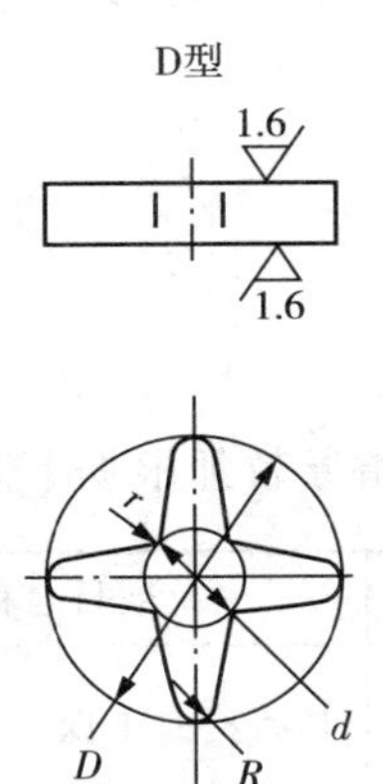

(13)工具——内六角扳手

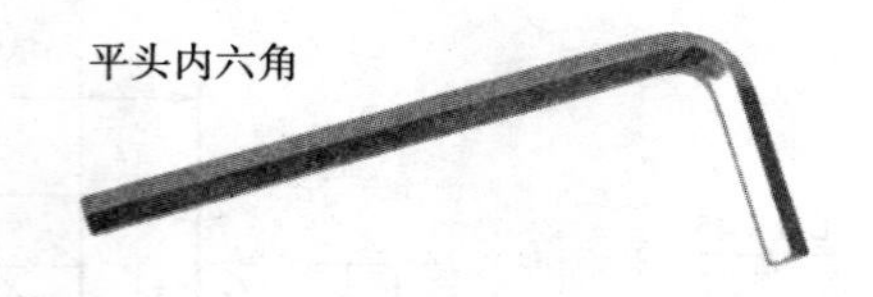

4.4 任务实施

一、拆装前的准备

(1)工具准备:钉锤、老虎钳、内六角扳手(从 M5～M16)、拔销器、螺钉销钉盒、润滑油;

(2)安全准备:工作服、劳保鞋、手套,并穿戴整齐;

(3)模具准备:要拆装的模具,并将模具整齐的摆放在工作台。

二、模具拆卸

将模具轻轻地侧放倒,用钉锤有节奏地敲击模具合适的位子,将模具打开(即将模具的上下模具分开)。

注意:在敲击的过程中,不要一直敲击模具的同一侧,敲击一会后,将模具翻转 180 度,然后继续敲击,目的是为了防止模具因两边的位移不一样而卡住,最后将模具打开为止。

将打开的上下模分别放置在工作台合适的位置,如果上模有模柄,先将模柄拆掉(只需找到模柄上螺钉对应型号的内六角扳手,将螺钉拆卸掉即可,并将模柄拿掉)。

上模的拆卸:先使用拔销器将零件上的销钉拔掉,然后再使用对应的内六角扳手将螺钉拆卸下来。并将螺钉、销钉放入事先准备的盒子中,以免丢失。

注意:一定要先拆销钉再拆螺钉,安装的时候也是此顺序。

上模的拆卸:拆装方法与上模的拆卸步骤一样。

三、模具装配

模具经拆卸后,在搞清楚模具结构和测量完毕后应将模具再装配好,装配的顺序和拆卸的顺序相反。

注意:销钉还是要在安装螺钉之前装配,且在装配的时候,销钉和导柱、导套要上润滑油。

4.5 成绩评定

指导教师根据下表评定学生成绩:

序号	项目名称	分值	扣分说明	批改备注	得分
1	是否按时上课	5	(1)迟到扣 2 分(2)旷课请写入备注并扣 5 分		

（续表）

序号	项目名称	分值	扣分说明	批改备注	得分
2	着装是否整齐	5	(1)未穿扣5分(2)穿戴不整齐扣3分		
3	是否准备好工具	5	根据现场给分或者扣分		
4	是否正确将上下模打开	20	根据现场给分或者扣分		
5	能否正确拆卸销钉并安装	10	根据现场给分或者扣分		
6	能否正确拆螺钉并安装	10	根据现场给分或者扣分		
7	能否正确的使用拆装工具	10	根据现场给分或者扣分		
8	拆卸的模具零件是否摆放整齐	10	根据现场给分或者扣分		
9	是否正确的测量模具零件并记录完整数据	5	根据现场给分或者扣分		
10	团队合作	5	根据现场给分或者扣分		
11	是否清理场地	5	根据现场给分或者扣分		
12	奖励	10	以上每项都完成即能得到10分		

项目五　装配图的绘制

5.1　任务单:落料冲孔模具装配图的绘制

<table>
<tr><td>任务名称</td><td>落料冲孔模具装配图的绘制</td></tr>
<tr><td>任务描述</td><td>学生在完成“冲压模具拆装”的学习任务后,使用测量工具对冲压模具零件尺寸进行测量,参考设计手册标准数据对所测数据进行圆整,并根据圆整数据绘制冲压模具装配图。</td></tr>
<tr><td>学习目标</td><td>(一)知识目标:
(1)掌握冲压模具的工作原理;
(2)了解装配图的绘制方法;
(3)了解模具零件的名称及作用;
(4)掌握模具零件的材料,热处理要求;
(二)能力目标:
(1)能使用手工绘图工具完成模具装配图的绘制。
(2)能正确表达装配图的线条及尺寸。
(三)职业素养:
(1)服从指导教师工作安排;
(2)在规定的时间内完成任务;
(3)主动学习</td></tr>
<tr><td colspan="2">考核标准</td></tr>
<tr><td colspan="2">学生根据给定的冲压模具绘制该模具的装配图1张,要求:
(1)点划线、粗实线、细实线等线条使用正确。错误1处扣1分。
(2)图纸幅面、标题栏绘制和填写正确。错误1处扣1分。
(3)尺寸标注正确、尺寸线、尺寸界线使用合理。错误1处扣1分。
(4)视图位置布置合理,投影关系正确。投影关系错误1处扣1分。
(5)尺寸公差和几何公差标注正确。标注错误1处扣1分。
(6)热处理标注正确。标注错误1处扣5分。
(7)测量工具使用方式正确,各部分尺寸测量准确,数据圆整符合标准要求。工具操作错误1次扣1分,主参数测量错误1处扣1分,圆整数据错误1处扣1分。
(8)图面干净、视图布置位置合理。存在明显涂改痕迹,每处扣1分。
(9)服从指导教师、按时完成任务。由指导教师酌情扣分或不扣分</td></tr>
<tr><td colspan="2">完成时间:4周</td></tr>
</table>

5.2　任务分析和引导文

5.2.1　任务分析

落料冲孔倒装模具是常见的冲压模具类型，一套模具通常由上模和下模组成。模具工作时，上模固定在机床的上滑块上，跟随机床的上滑块一起运动；下模固定在机床的下工作台面上，不运动。落料冲孔模具的上模由上模板、落料凹模、冲孔凸模、冲孔凸模固定座、垫片、顶出器、打杆，打板、推板等主要零件构成。下模一般由下模板、落料凸模、凸模固定座、卸料板、弹簧、卸料螺钉、定位销等主要零件构成。落料冲孔模具结构复杂，零件很多，在绘图过程中应该注意每个零件的位置及装配关系。绘图时，为准确表达内部结构，不仅需要绘制上下平面图，还需要绘制全剖、阶梯剖、端面图等。图纸中的虚实线，螺纹线等的绘制要准确的按照书本上的规范画法来画。绘制完毕后还，需要制作模具的明细表，此时需要注意模具零件的材料及热处理方式。一套落料冲孔的装配图需要涉及机械制图、冲压模具结构、材料及热处理的知识，因此需要学生掌握足够的专业知识并灵活运用。

5.2.2　引导文

完成任务四后，根据所学的知识，思考下面的问题。

(1)指出下面这套落料冲孔模具中的零件名称。

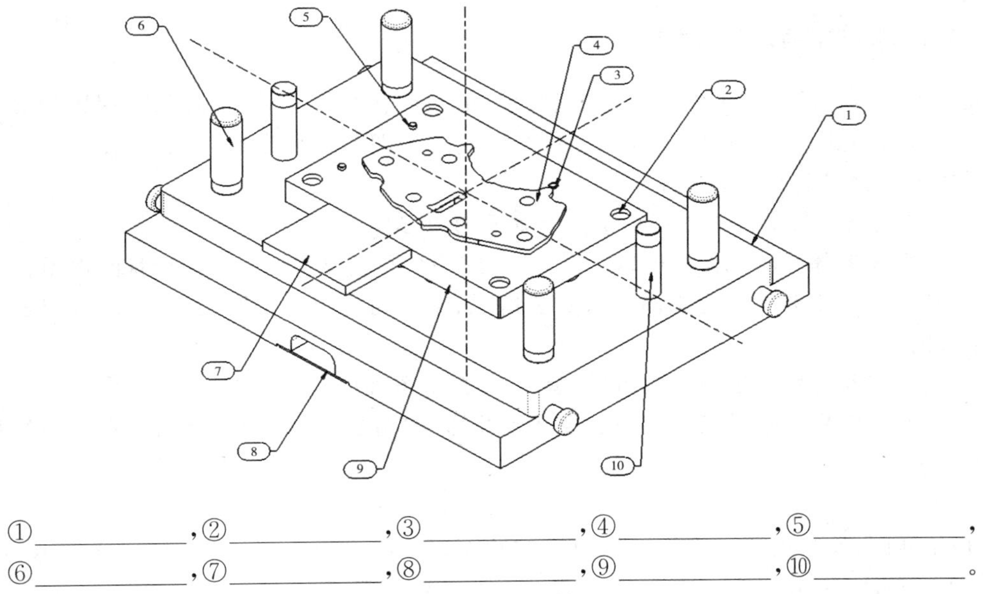

①__________，②__________，③__________，④__________，⑤__________，

⑥__________，⑦__________，⑧__________，⑨__________，⑩__________。

(2)落料冲孔模具冲压力的计算与卸料力的计算。

(3)卸料板的行程与弹簧数量的计算。

(4)比较下面的两套模具,思考在什么情况下要使用凸模固定座。

(5)比较下面的两套模具,思考打杆的数量与推板的形状有什么关系。

(6)如果需要修改模具闭合高度,思考有几种方法(答案不定)。

5.3 知识链接

5.3.1 装配图的功用和内容

装配图是表达部件的工作原理、装配关系、结构形状和技术要求的图纸,用以指导部件的装配、检验、调试、安装、维修等各项工作。因此装配图是机械设计与制造、使用和维修以及进行技术交流的重要技术文件。

1. 一张完整的装配图应具有以下几个方面的内容:

(1)一组表达部件的工作原理、零件间的装配关系和主要零件的结构形状的视图。

(2)必要的反映部件的性能、规格、安装情况、零件间的相对位置、配合要求和机器的总体大小等的尺寸。

(3)用文字和符号注出部件的质量、装配、使用等方面的技术要求。

(4)零件的序号、明细栏和标题栏,要指示出零、部件的编号(即序号)、名称、数量、材料及机器的名称、设计者、审核者等有关信息。

2. 而一张完整的落料冲孔模具装配图纸还应该包含以下内容:

(1)排样图,反映出单个零件在条料中的状态。并给出搭边值、送料步距、零件尺寸(比如零件上孔的大小,公差等)。

(2)排样图下方要给出零件的基本数据,比如零件名称,生产批量,料厚等。

(3)技术要求,图纸中应该给出必要的技术要求,比如模具刃口基准,刃口间隙,配合公差，使用压机数据，未注倒角等。

（4）在装配图的上，下平面图上还应给出送料方向，标识出模具中心线。

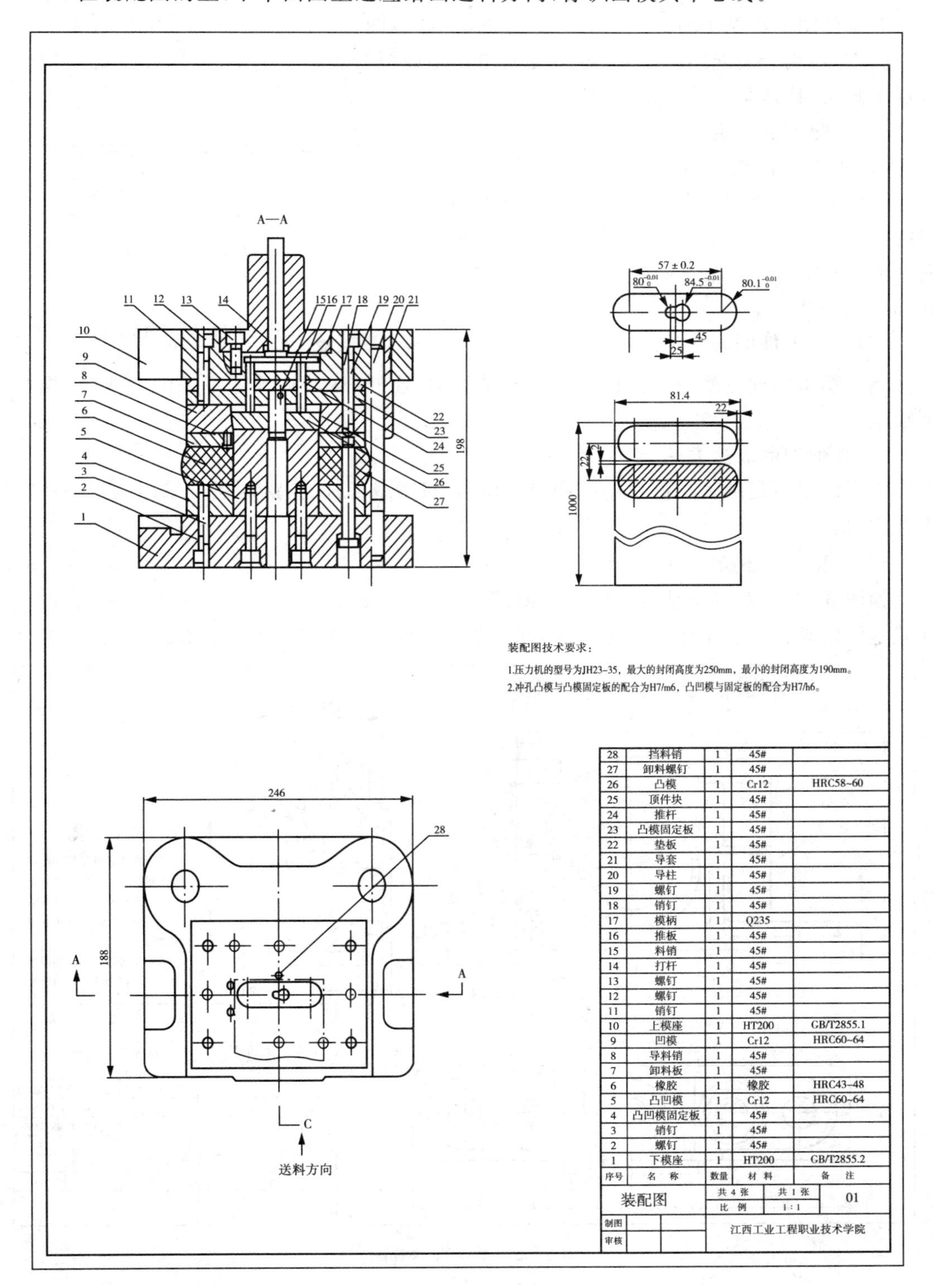

28	挡料销	1	45#	
27	卸料螺钉	1	45#	
26	凸模	1	Cr12	HRC58~60
25	顶件块	1	45#	
24	推杆	1	45#	
23	凸模固定板	1	45#	
22	垫板	1	45#	
21	导套	1	45#	
20	导柱	1	45#	
19	螺钉	1	45#	
18	销钉	1	45#	
17	模柄	1	Q235	
16	推板	1	45#	
15	料销	1	45#	
14	打杆	1	45#	
13	螺钉	1	45#	
12	螺钉	1	45#	
11	销钉	1	45#	
10	上模座	1	HT200	GB/T2855.1
9	凹模	1	Cr12	HRC60~64
8	导料销	1	45#	
7	卸料板	1	45#	
6	橡胶	1	橡胶	HRC43-48
5	凸凹模	1	Cr12	HRC60~64
4	凸凹模固定板	1	45#	
3	销钉	1	45#	
2	螺钉	1	45#	
1	下模座	1	HT200	GB/T2855.2
序号	名　称	数量	材　料	备　注

装配图	共 4 张	共 1 张	01
	比　例	1∶1	
制图		江西工业工程职业技术学院	
审核			

5.3.2 装配图的规定画法和特殊画法

在零件图的绘制中所介绍的各种表达方法，如视图、剖视图、断面图等不仅适用于零件图，也完全适用于装配图。此外，由于装配图与零件图的表达要求不同，因此装配图另有一些规定画法、特殊画法及简化画法。

一、装配图的规定画法

(1)相邻零件轮廓线和剖面线的绘制接触面和配合面只画一条线，非接触或不配合面必须画成两条线；同一零件在不同剖视图中剖面线的方向一致、间隔一致。而不同零件剖面线的方向或间隔应区别开。

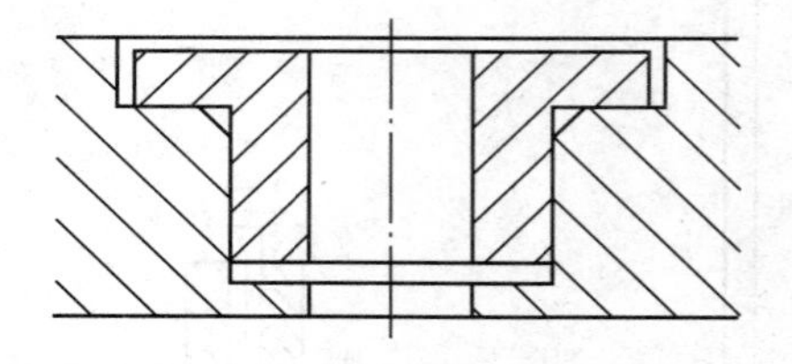

图 5-1　相邻零件轮廓线和剖面线的绘制

(2)实心零件的画法的绘制

当剖切平面通过螺纹紧固件以及实心轴手柄、连杆、球、销、键等零件的轴线时，均按不剖绘制。

二、装配图的表达方法

为了便于清楚地表达部件的结构，针对各种机器或部件的特点，还可采用以下一些特殊表达方法：

1. 沿零件结合面剖切(拆卸画法)

如图 5-2 所示滑动轴承装配图中的俯视图，为了表示轴衬与轴承座的装配关系，右半部就是沿轴承盖与轴承座的结合面剖开的，图中被剖切的螺杆画上了剖面线。

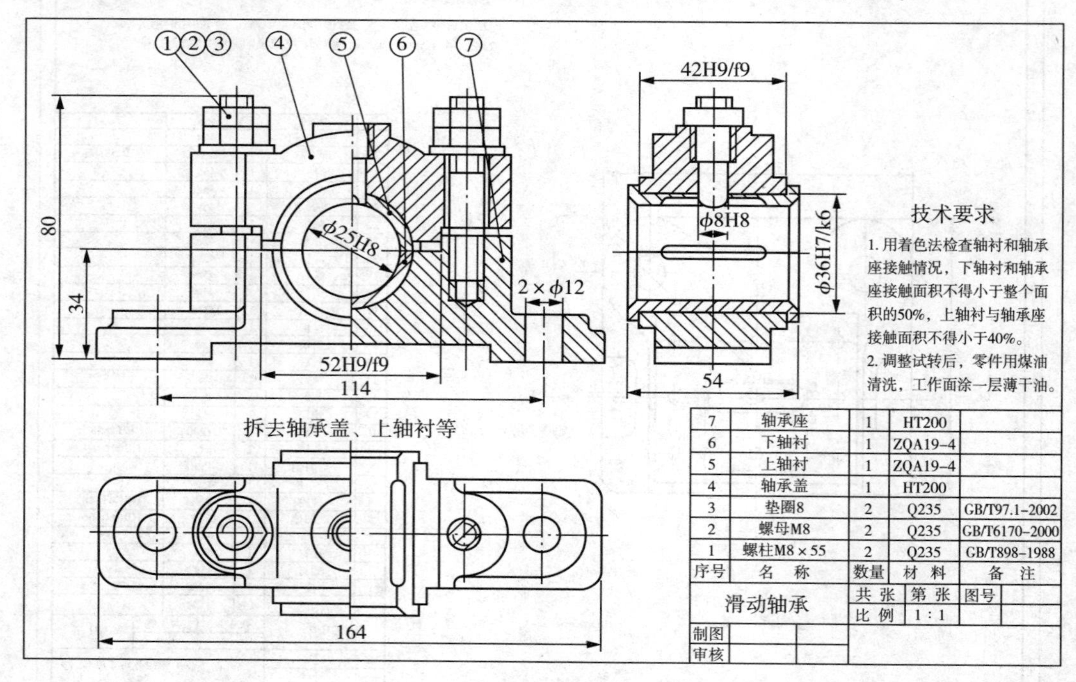

7	轴承座	1	HT200	
6	下轴衬	1	ZQA19-4	
5	上轴衬	1	ZQA19-4	
4	轴承盖	1	HT200	
3	垫圈8	2	Q235	GB/T97.1-2002
2	螺母M8	2	Q235	GB/T6170-2000
1	螺柱M8×55	2	Q235	GB/T898-1988
序号	名　称	数量	材 料	备　注

滑动轴承	共 张	第 张	图号
	比 例	1:1	
制图			
审核			

图 5-2　滑动轴承装配图

2. 假想画法

(1)在装配图中,为了表示运动零件的极限位置或运动范围,常将其画在一个极限位置上,另用双点画线画出零件的另一极限位置,并注上尺寸,此表达方法称为假想画法。例如图 5-3(a)中手柄的转动范围和图 5-3(b)所示的铣床顶尖的轴向运动范围均用双点画线表示。

(2)为了表示装配体与其他零(部)件的安装或装配关系,也可采用假想画法。如图 5-3(a)中表示箱体安装在用双点画线表示的假想底座零件上。

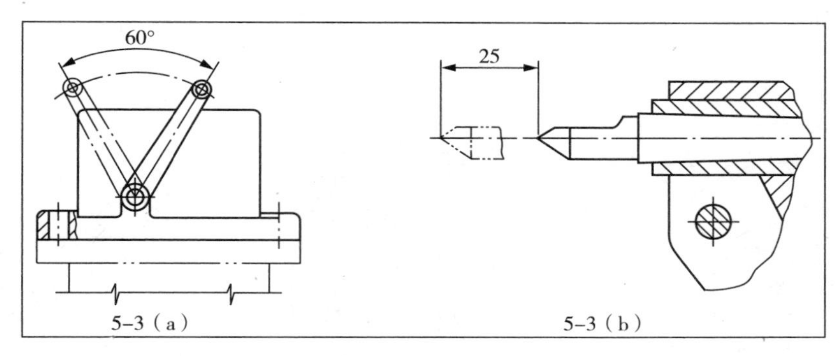

图 5-3　假想画法

3. 简化画法

(1)对于装配图中若干相同的零件组,如螺纹紧固件等,可详细地画出一组,其余只用点画线表示出位置即可,如图 5-4 所示的螺柱和轴承。

(2)在装配图中,对断面厚度小于 2mm 的零件可以涂黑来代替剖面线。

(3)一般省略零件的较小工艺结构,如倒角、退刀槽和小圆角等。

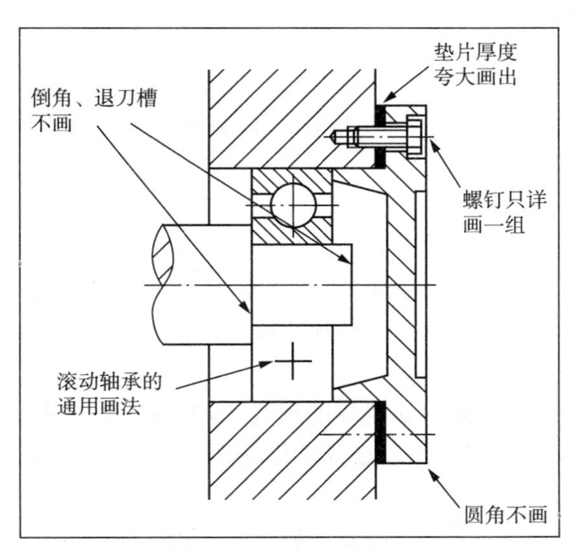

图 5-4　简化画法

4. 展开画法

为了表达不在同一平面内而又相互平行的轴上零件,以及轴与轴之间的传动关系,可以按传动顺序沿轴线剖开，而后依此将轴线展开在同一平面上画出，并标注“X－X 展开”。这种展开画法在表达机床的主轴箱、汽车的变速箱等装置时经常运用。

5. 夸大画法

不接触表面和非配合面的细微间隙、薄垫片、小直径的弹簧等，可以不按比例画，而适当加大尺寸画出。

6. 单独表示某个零件

在装配图中，当某个零件的形状未表达清楚，或对理解装配关系有影响时，可另外单独画出该零件的某一视图。如图 5－5 所示的转子油泵中的泵盖 B 向视图。

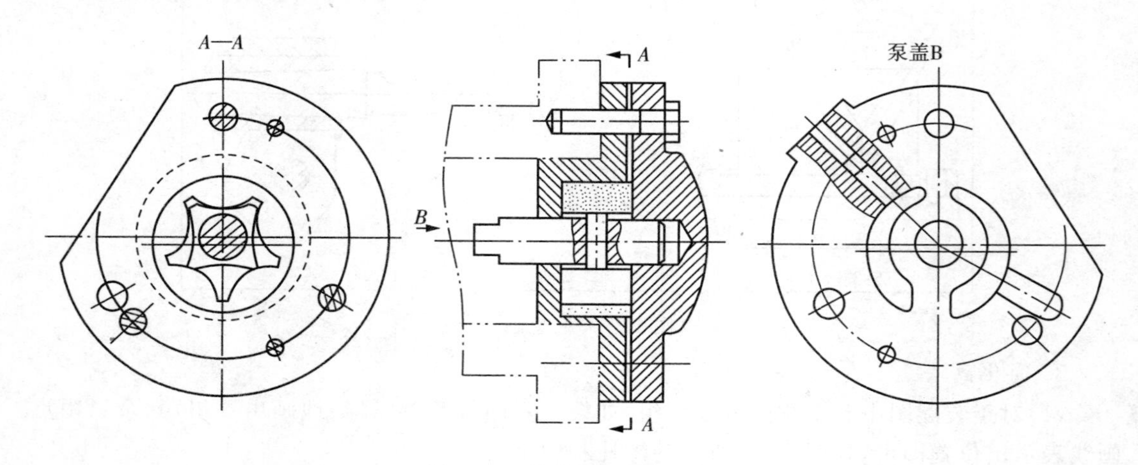

图 5－5　单独表示某个零件

5.3.3　装配图视图的选择

绘制装配图时，不但要正确运用装配图的各种表达方法，还要从有利于生产、便于读图出发，恰当地选择视图，将部件或机器的工作原理，各零件间的装配关系及主要零件的基本结构、完整、清晰地表达出来。

一、主视图的选择

1. 投射方向

通常选择最能反映模具的工作原理、传动系统、零件间主要的装配关系和主要结构特征的方向作为主视图的投射方向。但由于模具的种类、结构特点不同，并不是都用主视图来表达上述要求。

通常沿主要装配干线或主要传动路线的轴线剖切，以剖视图来反映工作原理和装配线关系，并兼顾考虑是否适宜采用特殊画法或简化画法。

2. 安放位置

画主视图，应将模具按其工作位置（或安装位置）放置，即应符合“工作位置原则”。

二、其他视图的选择

主视图确定后，还要选择适当的其他视图来补充表达模具的工作原理、装配关系和零件的主要结构形状。为此，应考虑以下要求：

(1)视图数量要依模具的复杂程度而言,在满足表达重点的前提下,力求视图数量少些,以使表达简练。还要适当考虑有利于合理布置图形和充分利用幅面。

(2)应优先选用基本视图,并取适当剖视补充表达有关内容。

(3)要充分利用模具的各种表达方法每个视图都要有明确目的和表达重点,避免对同一内容的重复表达。

5.3.4　装配图的尺寸标注

装配图的作用与零件图不同,因此,在图上标注尺寸的要求也不同。零件图中必须标注出零件的全部尺寸,以确定零件的形状和大小;在装配图上应该按照装配体的设计、制造的要求来标注某些必要的尺寸,以说明装配体性能规格、装配体"成员"的装配关系、装配体整体大小等。即装配图没有必要标注出零件的所有尺寸,只需标出性能尺寸、装配尺寸、安装尺寸和外形尺寸等。

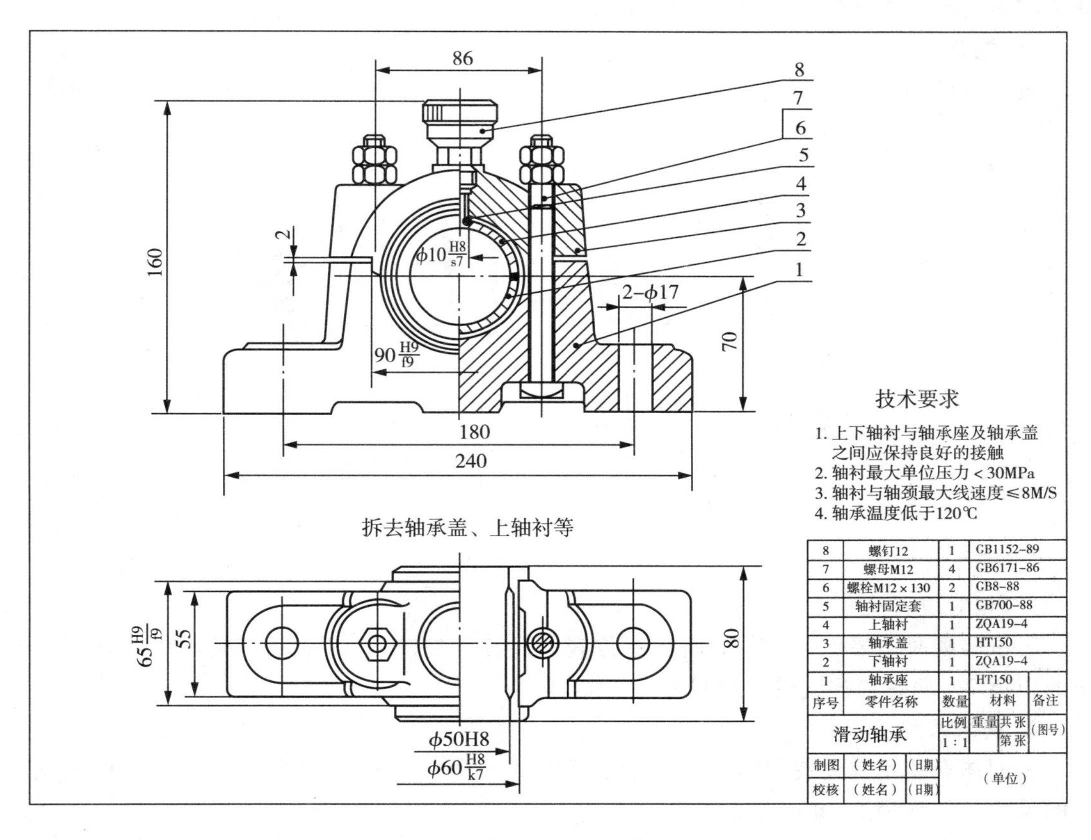

图 5-6　装配图的尺寸标注

1. 性能(规格)尺寸

性能(规格)尺寸表示装配体的工作性能或规格大小的尺寸,这些尺寸是设计时确定的,它也是了解和选用该装配体的依据。如图 5-7 滑动轴承孔的直径尺寸 Φ50H8,表明了该轴承只能使用轴颈的基本尺寸为 Φ50 的轴。

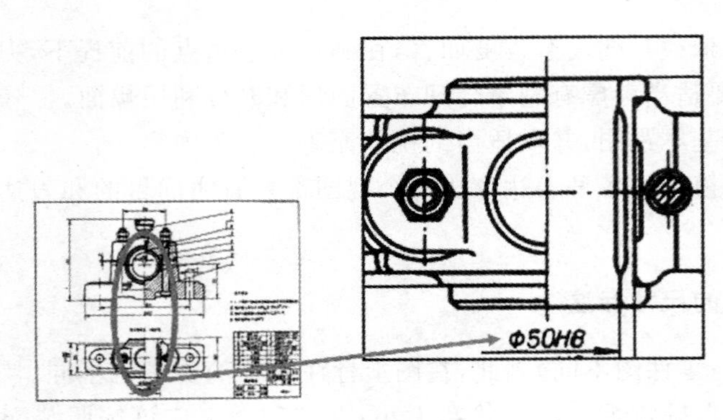

图 5-7 性能尺寸图

2. 装配尺寸

装配尺寸是表示装配体中各零件之间相互配合关系和相对位置的尺寸,这种尺寸是保证装配体装配性能和质量的尺寸。一般分为配合尺寸和相对位置尺寸。

(1)配合尺寸

表示零件间配合性质的尺寸。如图 5-8 配合尺寸标注为 90H9/f9,65H9/f9,Φ8H8/k7 等。

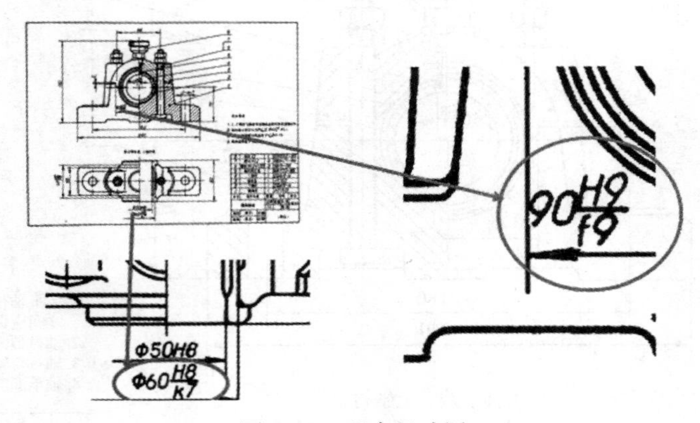

图 5-8 配合尺寸图

(2)相对位置尺寸

表示装配时需要保证的零件间相互位置的尺寸。如图 5-6 所示的轴承中心轴线到基面的距离 70,两螺栓连接的位置尺寸 80 等。

3. 安装尺寸

装配体安装到其他装配体上或地基上所需的尺寸。如图 5-9 所示的安装螺栓通孔所注的尺寸——直径 2-Φ17 和孔距 180 等。

4. 外形尺寸

表示装配体外形大小的总体尺寸,即装配体的总长、总宽、总高。它反映了装配体的大小,提供了装配体在包装、运输和安装过程中所占的空间尺寸。如图 5-10 中轴承座总长 240、总宽 80、总高 160 即是外形尺寸。

5. 其他重要尺寸

其他重要尺寸是指在设计中确定的而又未包括在上述几类尺寸之中的尺寸。其他重要

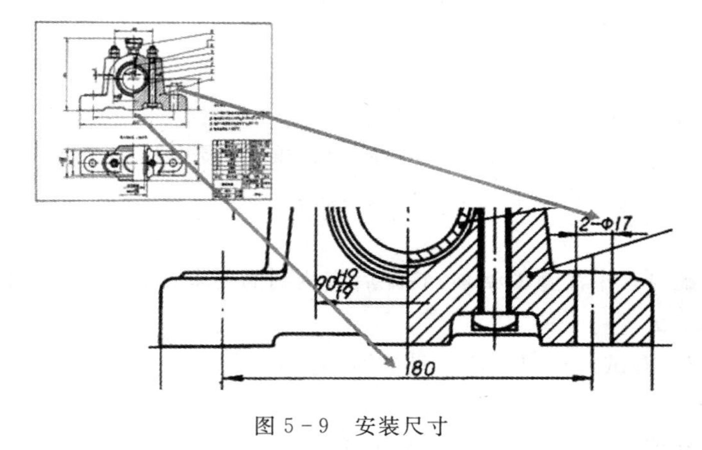

2-ϕ17
90 H9/f9
180

图 5-9　安装尺寸

86
160
2
ϕ10 H8/s7
2-ϕ17
70
90 H9/f9
180
240
拆去轴承盖、上轴衬等
65 H9/f9
55
80
ϕ50H8
ϕ60 H8/k7
技术要求
1. 上下轴衬与轴承座及轴承盖之间应保持良好的接触
2. 轴衬最大单位压力＜30MPa
3. 轴衬与轴颈最大线速度≤8M/S
4. 轴承温度低于120℃
8 螺钉12 1 GB1152-89
7 螺母M12 4 GB6171-86
6 螺栓M12×130 2 GB8-88
5 轴衬固定套 1 GB700-88
4 上轴衬 1 ZQA19-4
3 轴承盖 1 HT150
2 下轴衬 1 ZQA19-4
1 轴承座 1 HT150
序号 零件名称 数量 材料 备注
滑动轴承 比例 重量 共 张 (图号)
1:1 第 张
制图 (姓名) (日期)
校核 (姓名) (日期) (单位)

图 5-10　外形尺寸

尺寸视需要而定，如主体零件的重要尺寸，齿轮的中心距，运动件的极限尺寸，安装零件要有足够操作空间的尺寸等。

上述五类尺寸之间并不是互相孤立无关的，实际上有的尺寸往往同时具有多种作用。此外，在一张装配图中，也并不一定需要全部注出上述五类尺寸，而是要根据具体情况和要求来确定。

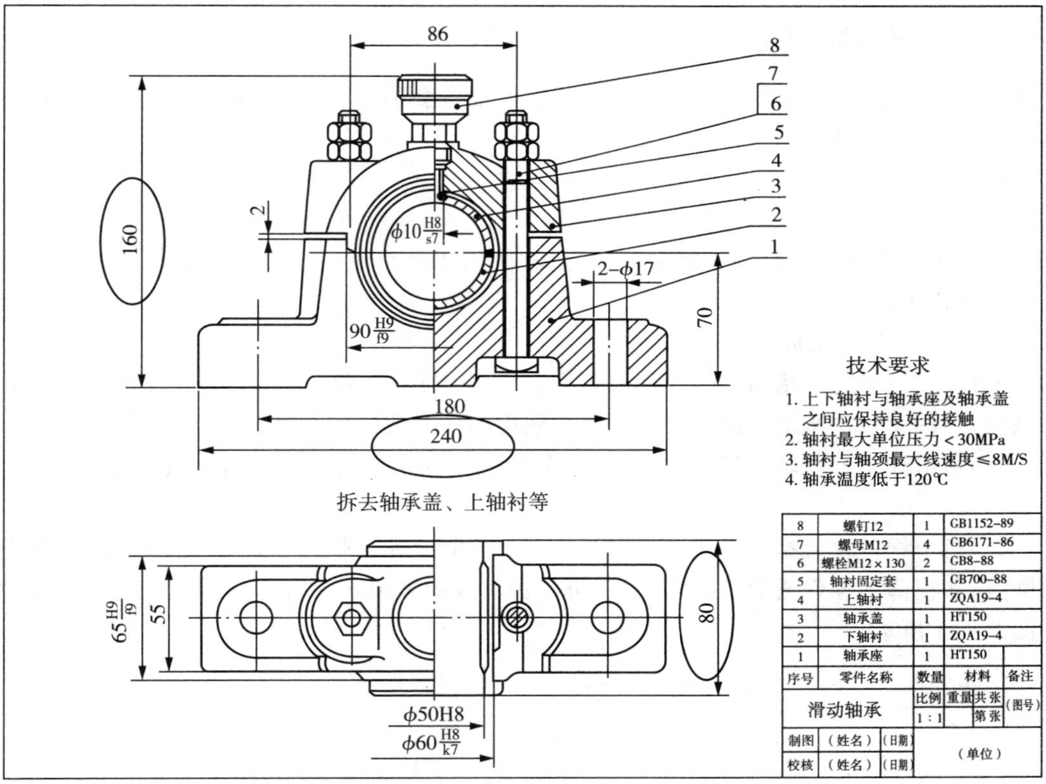

5.3.5 技术要求

在装配图中，还应在图的右下方空白处，写出部件在装配、安装、检验及使用过程等方面的技术要求。主要包括零件装配过程中的质量要求，以及在检验、调试过程中的特殊要求等。拟定技术要求一般可从以下几个方面来考虑：

1. 装配要求

装配体在装配过程中注意的事项，装配后应达到的要求，如装配间隙、润滑要求等。

2. 检验要求

装配体在检验、调试过程中的特殊要求等。

3. 使用要求

对装配体的维护、保养、使用时的注意事项及要求。

5.3.6 装配图的零件序号和明细栏

为了便于装配时读图查找零件，便于作生产准备和图样管理，必须对装配图中所有不同的零件编写序号，并列出零件的明细栏。

一、零件序号

1. 一般规定

装配图中所有的零件都必须编写序号，相同的零件只编一个序号。装配图中零件序号应与明细栏中的序号一致。

2. 零件序号的组成

零件序号由圆点、指引线、水平线或圆（均为细实线）及数字组成，序号写在水平线上或小圆内，如图 4 - 11 所示。序号数字比装配图中的尺寸数字大一号。

(1)指引线不要与轮廓线或剖面线等图线平行，指引线之间不允许相交，但指引线允许弯折一次。

(2)指引线应自所指零件的可见轮廓内引出，并在其末端画一圆点；若所指的部分不宜画圆点，如很薄的零件或涂黑的剖面等，可在指引线的末端画一箭头，并指向该部分的轮廓，如图 5 - 11 所示。

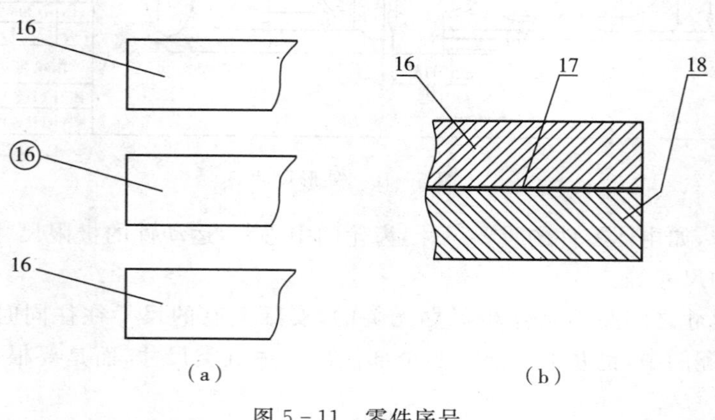

图 5 - 11 零件序号

（3）如果是一组螺纹连接件或装配关系清楚的零件组，可以采用公共指引线，如图 5－12 所示。

（4）标准化组件（如滚动轴承、电动机、油杯等）只能编写一个序号。

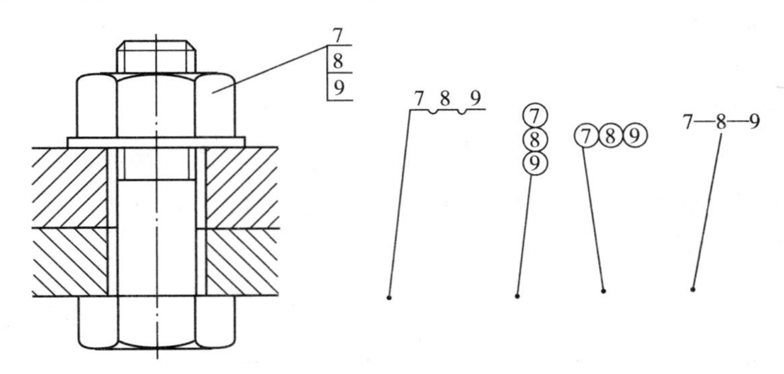

图 5－12　零件组序号

3．序号编排方法

应将序号在视图的外围按水平或垂直方向排列整齐，并按顺时针或逆时针模具方向顺序依次编号，不得跳号在实际生产中，有些厂家并未按顺时针或逆时针排号此时，应按厂方标准执行。

二、明细栏

在装配图的右下角必须设置标题栏和明细栏。明细栏位于标题栏的上方，并和标题栏紧连在一起。如图 5－13 所示的内容和格式可供制图作业中使用。

4	螺母M8	6	Q235		GB6170—86
3	垫圈8	6	65Mn		GB93—87
2	螺栓M8×65	4	Q235		GB5780—86
1	销A4×18	2	Q235		GB117—86
序号	名　称		材　料		备 注
		比例		共 张	图 号
		质量		第 张	
制图			（校名）		
设计					
审核					

图 5－13　明细栏

明细栏是装配体全部零件的目录，由序号、（代号）名称、数量、材料、备注等内容组成，其序号填写的顺序要由下而上。如位置不够时，可移至标题栏的左边继续编写，如图 5－14 所示。

					2				
					1				
20					序号	零件名称	数量	材料	附注及标准
19					标 题 栏				
18									

图 5－14

5.3.7 常见装配结构

零件除了应根据设计要求确定其结构外，还要考虑加工和装配的合理性，否则就会给装配工作带来困难，甚至不能满足设计要求。下面介绍几种最常见的装配工艺结构。

1. 接触面转角处的结构

两配合零件在转角处不应设计成相同的圆角，否则既影响接触面之间的良好接触，又不易加工，轴肩面和孔端面相接触时，应在孔边倒角或在轴的根部切槽，以保证轴肩与孔的端面接触良好，如图 5-15 所示。

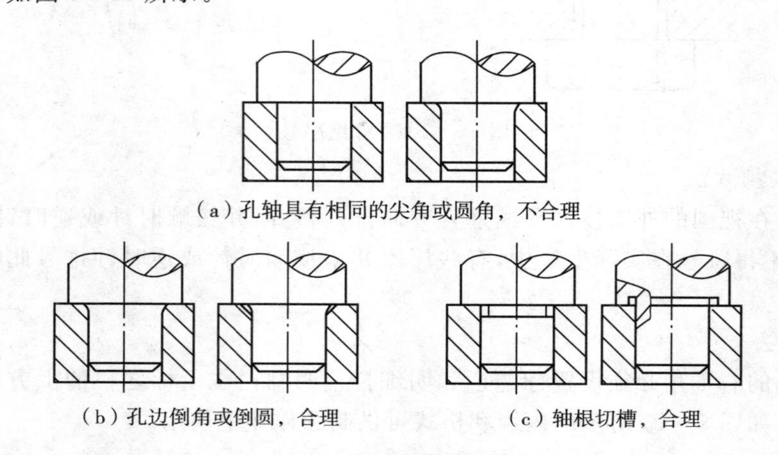

(a) 孔轴具有相同的尖角或圆角，不合理

(b) 孔边倒角或倒圆，合理　　(c) 轴根切槽，合理

图 5-15　接触面转角处的结构

2. 两零件接触面的数量

两零件装配时，在同一方向上，一般只宜有一个接触面，否则就会给制造和配合带来困难，如图 5-16 所示。

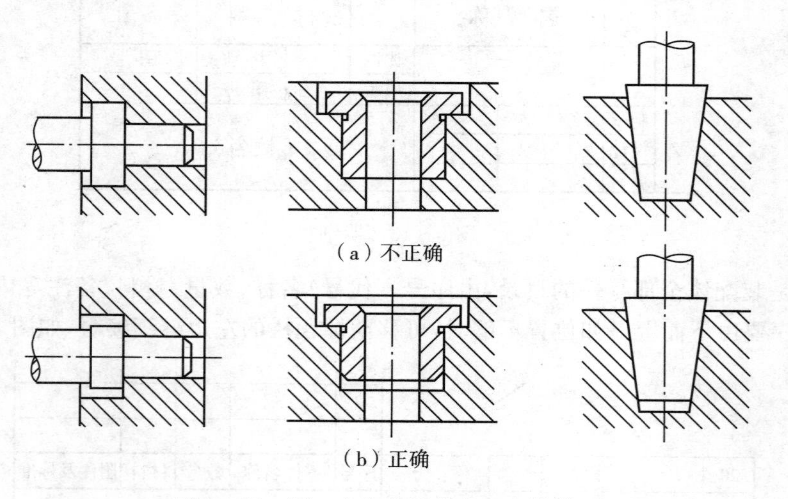

(a) 不正确

(b) 正确

图 5-16　同一方向上只能有一个接触面

3. 减少加工面积

为了使螺栓、螺钉、垫圈等紧固件与被连接表面接触良好，减少加工面积，应把被连接表

面加工成凸台或凹坑，如图 5－17 所示。

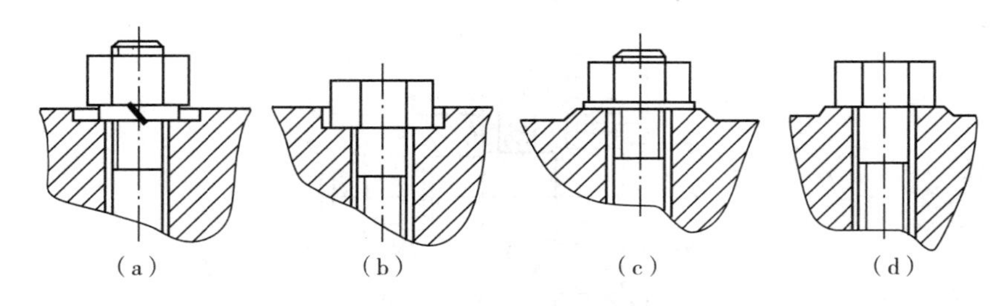

图 5－17 凸台或凹坑

4. 密封装置的结构

在一些部件或机器中，常需要有密封装置，以防止液体外流或灰尘进入。如图 5－18 所示的密封装置是用在泵和阀上的常见结构。通常用浸油的石棉绳或橡胶作填料，拧紧压盖螺母，通过填料压盖即可将填料压紧，起到密封作用。但填料压盖与阀体端面之间必须留有一定间隙，才能保证将填料压紧；而轴与填料压盖之间应有一定的间隙，以免转动时产生磨擦，如图 5－18a 所示留有一定间隙，是正确的；如图 5－18b 所示没有留间隙，是错误的。

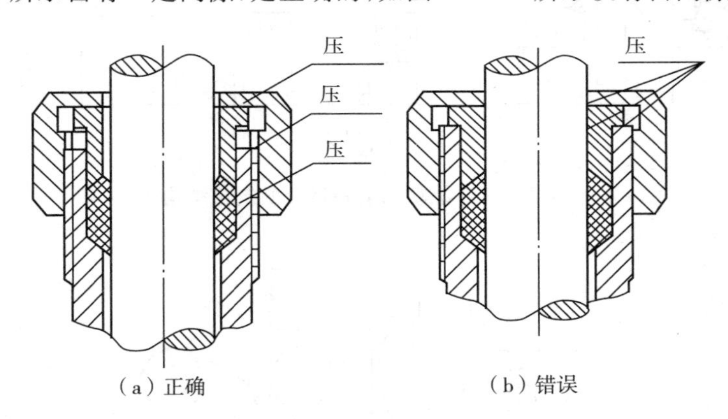

图 5－18 填料与密封装置

5. 零件在轴向的定位结构

装在轴上的滚动轴承及齿轮等一般都要有轴向定位结构，以保证能在轴线方向不产生移动。如图 5－19 所示，轴上的滚动轴承及齿轮是靠轴的轴肩来定位，齿轮的另一端用螺母、垫圈来压紧，垫圈与轴肩的台阶面间应留有间隙，以便压紧。

6. 考虑维修、安装、拆卸的方便

如图 5－20 所示，滚动轴承装在箱体轴承孔及轴上，右边是合理的，若设计成左边图那样，将无法拆卸。

在安排螺钉位置时，应考虑扳手的空间活动范围，如图 5－21 所示。图 5－21a 中所留空间太小，扳手无法使用，图 5－21b 是正确的结构形式。

应考虑螺钉放入时所需要的空间，如图 5－22 所示。图 5－22a 中所留空间太小，螺钉无法放入，图 5－22b 是正确的结构形式。

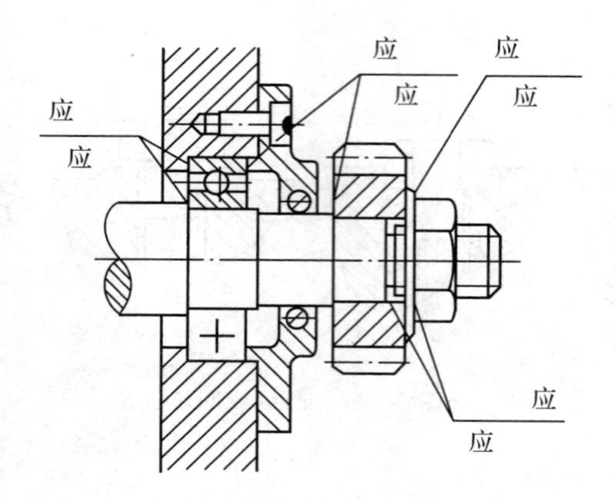

图 5-19 轴向定位结构

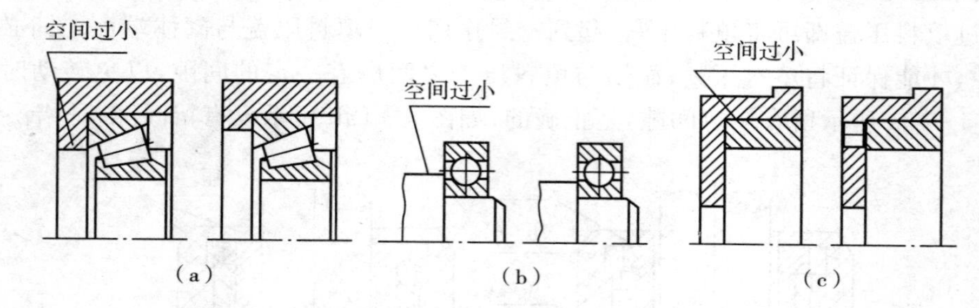

图 5-20 滚动轴承和衬套的定位结构

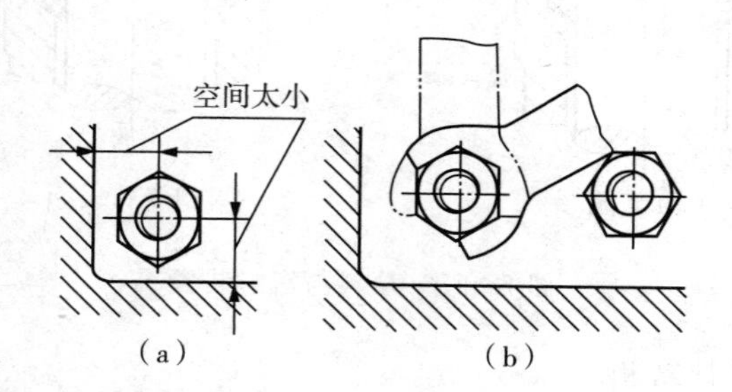

图 5-21 留出扳手活动空间

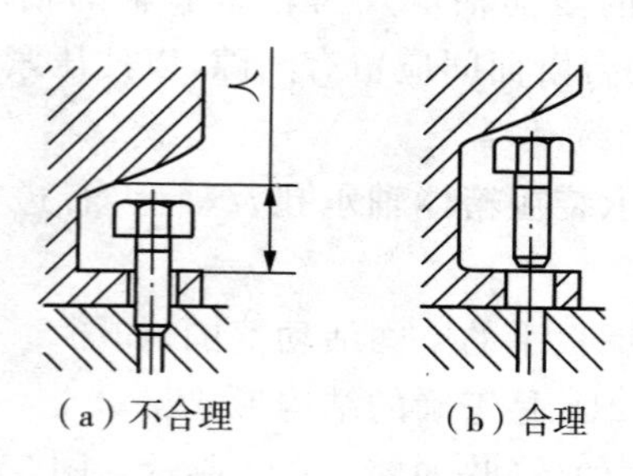

图 5-22 留出螺钉装卸空间

5.3.8　由装配图拆画零件图

由装配图拆画零件图，是机器或部件设计过程中的一个重要环节，应在读懂装配图的基础上进行，一般可按如下步骤：

（1）读懂装配图，了解装配体的装配关系和工作原理；

（2）分析零件，确定拆画零件的结构形状。

在读懂装配图的基础上，对装配体中主要零件进行结构形状分析，以进一步深入了解各零件在装配体中的功能以及零件间的装配关系，为拆画零件图打下基础。分析零件的关键是将零件从装配图中分离出来，注意标准件和常用件都有规定的画法。再把拆画零件从装配图中分离出来，有可能的话，先徒手画出从装配图中分离出来的拆画零件的各个图形，由于在装配图中一个零件的可见轮廓线可能要被另一个零件的轮廓线遮挡，所以，分离出来的零件图形往往是不完整的，必须补全。

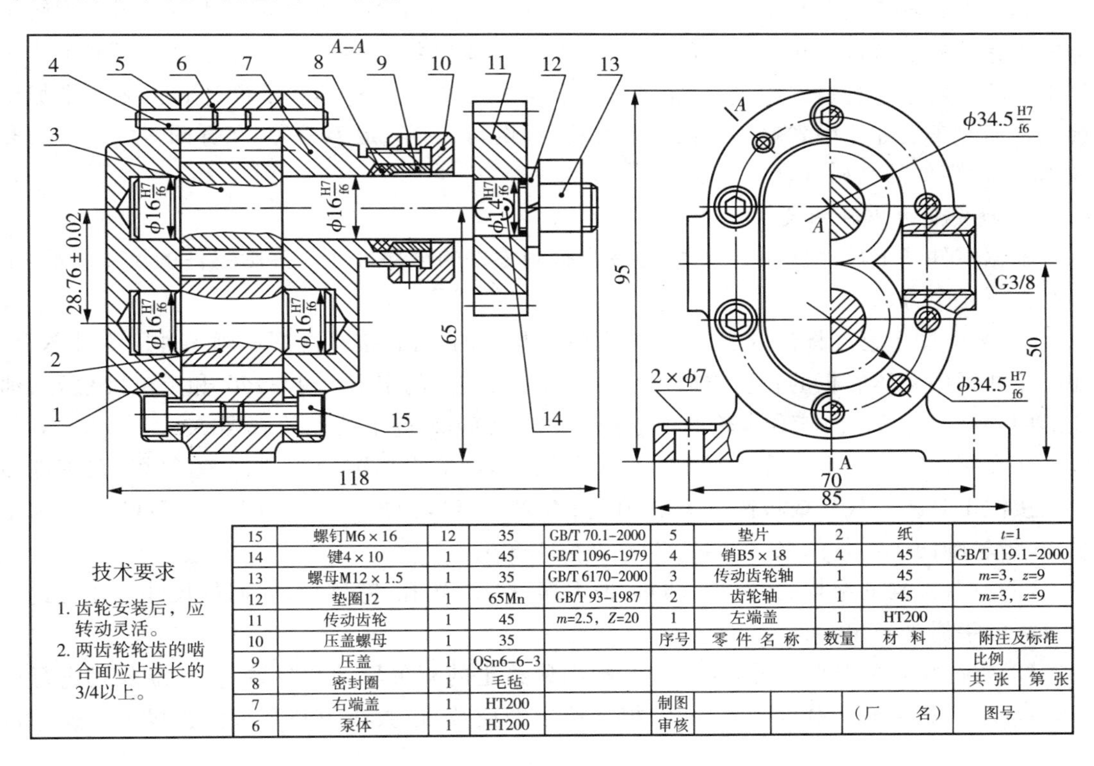

15	螺钉M6 × 16	12	35	GB/T 70.1–2000	5	垫片	2	纸	t=1
14	键4 × 10	1	45	GB/T 1096–1979	4	销B5 × 18	4	45	GB/T 119.1–2000
13	螺母M12 × 1.5	1	35	GB/T 6170–2000	3	传动齿轮轴	1	45	m=3，z=9
12	垫圈12	1	65Mn	GB/T 93–1987	2	齿轮轴	1	45	m=3，z=9
11	传动齿轮	1	45	m=2.5，Z=20	1	左端盖	1	HT200	
10	压盖螺母	1	35		序号	零 件 名 称	数量	材 料	附注及标准
9	压盖	1	QSn6–6–3						比例
8	密封圈	1	毛毡						共 张　第 张
7	右端盖	1	HT200		制图			（厂　　名）	图号
6	泵体	1	HT200		审核				

图 5 - 23　齿轮油泵

图 5 - 24 是从齿轮油泵分离出的油泵泵体图形。

3. 确定拆画零件的视图表达方案

在拆画零件图时，每个拆画零件的主视图选择和视图数量的确定，仍应按该零件的结构形状特点来考虑，即按零件的加工位置或工作位置选择主视图。装配图中该零件的表达方法，可以作为参考，但不能照搬。因为装配图的视图选择是从整体出发的，不一定符合每个零件的表达方案，零件的表达须由其本身结构形状重新考虑。

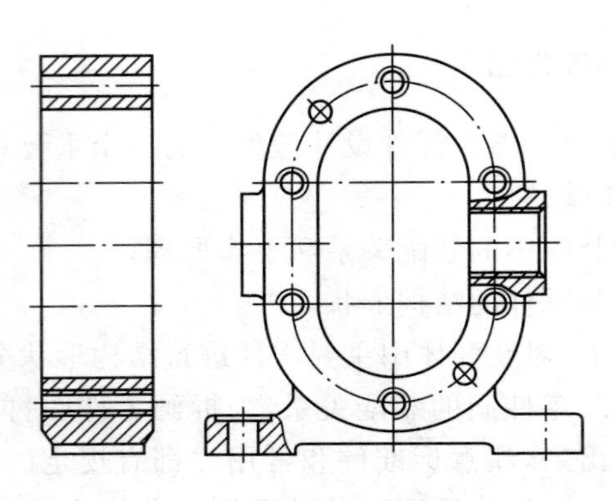

图 5-24 齿轮油泵泵体

4. 画出拆画零件的零件图形

画出拆画零件的各视图，不要漏线，也不要画出与其相邻零件的轮廓线。由于装配图不侧重表达零件的全部结构形状，因此某些零件的个别结构在装配图中可能表达不清楚或未给出形状。对于这种情况，一般可根据与其接触的零件的结构形状及设计和工艺要求加以确定。而对于装配图中省略不画的标准结构，如倒角、圆角、退刀槽等，在拆画零件图时则必须画出，使零件的结构符合工艺要求。

5. 确定拆画零件的尺寸

根据零件图上尺寸标注的原则，标注出拆画零件的全部尺寸。拆画零件的尺寸来源，主要有以下 4 个方面：

(1)装配图上已经标注的尺寸，与拆画零件相关的，可直接抄注到拆画零件的零件图上，如齿轮油泵中泵体底板的长度方向尺寸 85、两个安装孔的定形尺寸 $2\times\Phi7$ 和定位尺寸 70、油孔的中心高尺寸 50、两啮合齿轮的中心距 28.76 ± 0.02、进出油孔的管螺纹尺寸 G3/8 等都应抄注在泵体零件图上。凡注有配合代号的尺寸，则应根据配合类别、公差等级，在零件图上直接注出公差带代号或极限偏差数值（由查表确定），如配合尺寸 $\Phi34.5H7/f6$ 应分别是泵体、齿轮轴两个零件的尺寸 $\Phi34.5H7$ 和 $\Phi34.5f6$。

(2)有些标准的结构，如倒角、圆角、退刀槽、螺纹、销孔、键槽等，它们的尺寸应该通过查阅有关的手册来确定。

(3)拆画零件的某些尺寸，应根据装配图所给定的有关尺寸和参数，由标准公式进行计算，再注写。如齿轮的分度圆直径，可根据给定的模数、齿数或中心距、齿数，根据公式进行计算所得。

(4)对于其他尺寸，应按装配图的绘图比例，在装配图上直接量取并计算，再按标准圆整后注出。需要注意的是，此处对有装配关系的两零件，它们的基本尺寸或有关的定位尺寸要相同，避免发生矛盾，从而造成生产损失。

6. 确定拆画零件的技术要求

技术要求直接影响所拆画零件的加工质量和使用要求，应根据设计要求和零件的功用，参考有关的资料和相近产品图样，查阅有关手册，慎重地进行注写。技术要求一般包括拆画零件各表面的粗糙度数值、尺寸公差、形位公差要求，热处理、表面处理等。

7. 填写标题栏

标题栏应填写完整，零件名称、材料等要与装配图中明细栏所填写的内容一致。图 5 - 25 是齿轮油泵中泵体的拆画零件图。

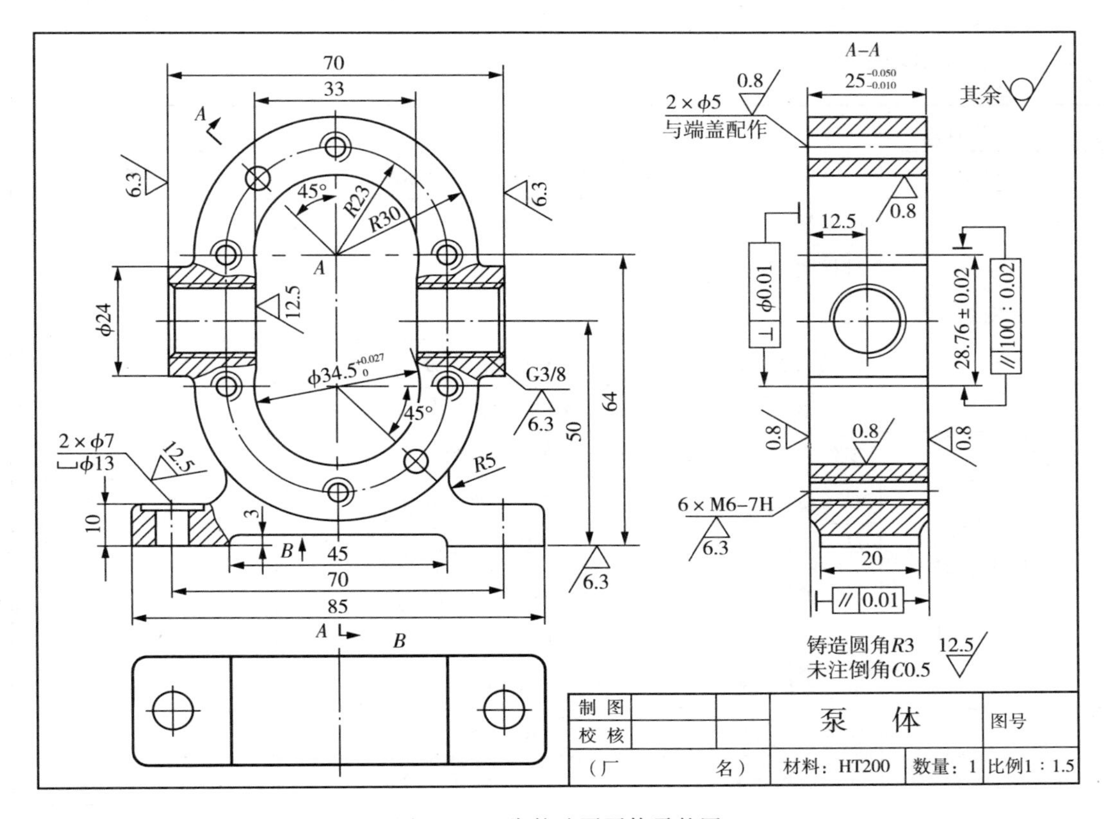

图 5 - 25　齿轮油泵泵体零件图

拆画零件图是一种综合能力训练。它不仅要具有看懂装配图的能力，而且还应具备相关的专业知识，有待后续不断实践提高。

5.4　任务实施

(1)绘制 A0 和 A1 的图框。

(2)按设计尺寸和图框大小，估算出正确的比例，确定要使用的图框。

(3)确定比例后，在图纸上给出下平面图，上平面图，剖视图的位置。

(4)按给定的位置绘制出下平面图，上平面图，剖视图

(5)以上的图纸要互相参考，尺寸要相互对应。

(6)检查设计图纸，按装配图的绘制要求，完善相关的设计。

(7)给出非标锻件的零件图。

(8)给出零件件号，绘制明细表。

5.5 成绩评定

指导教师根据下表评定学生作品成绩：

学生姓名		总得分	
项目	检查内容	评分标准	得分
装配图总览	图框标题栏完整	缺1处扣2分	
	排样图完整	缺扣2分	
	视图完整	缺扣2分	
	技术要求完整	缺1处扣2分	
	图面整洁	不整洁扣5分	
上模平面图	零件完整结构准确	缺扣5分	
	线条使用正确	错误1处扣5分	
	尺寸标注准确	错误1处扣5分	
	视图翻转准确	错误扣10分	
	剖切线完整	缺扣5分	
	送料方向完整	缺扣5分	
下模平面图	零件完整结构准确	缺扣5分	
	线条使用正确	错误1处扣5分	
	尺寸标注准确	错误1处扣5分	
	视图翻转准确	错误扣10分	
	剖切线完整	缺扣5分	
	送料方向完整	缺扣5分	
剖视图	结构正确	错误1处扣5分	
	上模行程准确	错误扣10分	
	下模行程准确	错误扣10分	
	件号标注正确美观	错误1处扣5分	
工作素养	服从指导教师	指导教师自由裁量	
	按时完成任务	每延迟1天扣10分	

参考文献

[1] 国家质量技术监督局．中华人民共和国国家标准　机械制图[S]．北京：中国标准出版社，2006.

[2] 国家质量技术监督局．中华人民共和国国家标准　机械制图[S]．北京：中国标准出版社，2004.

[3] 国家质量技术监督局．中华人民共和国国家标准　技术制图图纸幅面和格式[S]．北京：中国标准出版社，1994.

[4] 国家质量技术监督局．中华人民共和国国家标准　技术制图比例[S]．北京：中国标准出版社，1994.

[5] 国家质量技术监督局．中华人民共和国国家标准　技术制图字体[S]．北京：中国标准出版社，1994.

[6] 国家质量技术监督局．中华人民共和国国家标准　技术制图标题栏[S]．北京：中国标准出版社，1990.

[7] 艾小玲，耿海珍．机械制图[M]．上海：同济大学出版社，2009.

[8] 李春瑶．机械制图[M]．北京：化学工业出版社 2015.

[9] 徐智跃，孙伟．公差配合与技术测量[M]．武汉：华中科技大学出版社，2013.

[10] 朱江峰，闫志波，邓逍荣．冲压成形工艺及模具设计[M]．武汉：华中科技大学出版社，2012

[11] 蔡朝晖．模具制造工　初级[M]．北京：中国劳动社会保障出版社，2005.

[12] 杨海鹏．模具拆装与测绘[M]．北京：清华大学出版社，2009.

[13] 曹立文，王东，于海娟，郭士清．新编实用冲压模具设计手册[M]．北京：人民邮电出版社，2007.

[14] 孙幸瑛，盛艳君，郑海生．机械制图[M]．武汉：华中科技大学出版社，2012.

[15] 王樑，王振宁．工程制图[M]．武汉：武汉大学出版社，2014.

[16] 孙美霞，牛长根．机械制图习题集[M]北京：机械工业出版社，2013.